Ideal Deco

可以用一辈子

软装布置全书

墙+窗+家具和家的play

SH美化家庭编辑部　编

中国电力出版社
CHINA ELECTRIC POWER PRESS

内 容 提 要

本书是一本软装布置实战教科书，带领大家将复杂的软装元素巧妙地搭配起来。全书分为三大部分，第一部分选定墙面、窗户及窗帘的色调，第二部分通过家具布置改变空间布局，第三部分展示八大家居风格的搭配范例。

本书适合想要学习室内设计、软装布置相关知识的设计师以及准备进行家居布置的业主。

图书在版编目（CIP）数据

软装布置全书 / SH美化家庭编辑部编 . —北京：中国电力出版社，2019.8
ISBN 978-7-5198-2358-0

Ⅰ . ①软… Ⅱ . ① S… Ⅲ . ①室内装饰设计 Ⅳ . ① TU238.2

中国版本图书馆 CIP 数据核字（2018）第 194536 号

著作权合同登记号 图字：01-2017-5677
原著作名《不动工布置全书》
原出版社：风和文创事业有限公司
作者：SH 美化家庭编辑部
本书由风和文创正式授权发行

出版发行：中国电力出版社
地 址：北京市东城区北京站西街 19 号（邮政编码 100005）
网 址：http://www.cepp.sgcc.com.cn
责任编辑：乐 苑 （010-63412380）
责任校对：黄 蓓 王海南
责任印制：杨晓东

印 刷：北京博海升彩色印刷有限公司
版 次：2019 年 8 月第一版
印 次：2019 年 8 月北京第一次印刷
开 本：700mm×1000mm 16 开本
印 张：18
字 数：382 千字
定 价：88.00 元

PART 布置成功第二步：
根据**你家现况**，
挑选**你想要变化的空间**.....54

PART C 布置成功第三步：
8个展现自我的风格布置，玩出家的不同气质……222

PART **A**

布置**成功第一步**：
　　　用**最大面积定调**
先学"**墙**"与"**窗**"

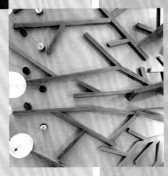

不管你想布置的是住很久的房子，

还是刚装修好的公寓，

要的就是一个简单不麻烦的解决方案！

布置私人空间时，

你会先想到面积大小、空间结构，

以及自己的生活模式。

当你对自己的生活越是了解，

就越知道如何布置你的家。

CHAPTER | 01

墙 + 色彩

替房子挑选**最完美的颜色**，
让整个家的**色调**
看起来**和谐不突兀**

如何决定家的墙色？

A 丢掉色卡，想想自己最爱的颜色和家具

在所有室内设计的做法中，上色是变化最明显、最有弹性、立即见效的做法，房间的氛围和空间的视觉大小也马上有所改变。挑墙色并不如一般人想象的那么难，更不需要任何色彩学的知识。

多数的室内设计师都不认为有所谓的经典不败色，因为色彩是很主观的，每个人的喜好不同，所以通常都会依屋主偏爱的色调、希望呈现的风格，再加上整个房子的客观空间条件，来挑选适合的墙色。

最可靠的颜色挑选法

如果生活周遭出现喜爱的颜色，可以带着样本到五金行或油漆店比对颜色。因此，只要你了解自己喜欢什么，仔细观察整个空间的优缺点，要挑出最适合自己房子的墙色，其实是十分简单的任务。首先要做的就是确认自己或家人们喜爱的色彩有哪些，再从中挑出主色，以及可与之搭配的色彩。

挑选墙色的方法

用白色和你喜欢的颜色任意组合，这样试出来的结果常能出乎意料，可以让家中的任何设计风格，都完美地突显各自的优点。

从纪念品中挑色

有时候你家可能有件祖传古董家具，或是很喜欢、想挂在墙上的纪念品或图片，那么空间的配色就可以从这个单一对象出发，抓出空间的主色，再从这个主色去搭配出家里所有空间的色调。

suggest

设计师的建议

什么色都可以，最重要在比例大小

从单一对象中，抓出空间的主色
用白色和你喜欢的颜色任意组合

郭璇如：白墙是很能衬托家具的背景，但要注意比例，别让整个空间都是一片白。

王俊宏：基本上，对各种色彩保持开放思考，尽可能不设限。要通过屋主的接受度与空间本身可允许的色温、材质的膨胀系数来考量。

林志隆：没有某种风格非得用某个特定颜色不可的规定。不过，还是可以掌握一些简单原则，例如：一般居家空间就不太适合像鲜红色这种亮到会刺眼的颜色。

朱英凯：色彩本身没有错，重点是懂得适当搭配。大家常说的"红配绿"，如果采用1：1，的确会让空间"很难看"，但比例不一样，感受就差很多。

1 鲜艳墙色面积要少一些
墙色的使用可以用鲜明饱和的色彩，但别太刺眼，同时也要拿捏好比例。

2 白墙能突显家具特色
白墙虽然可能看起来完成度不高，但可以让家具、摆饰品的特色更加突显。

A Space Desing   1

怀特室内设计   2

什么种类的居家色彩
让人住起来舒服？

A 每个空间墙色的和谐度，
决定家的舒适感

虽然为家上色立即就可以凸显空间中容易被忽略的细节，也可以让原本了无新意的装潢起死回生。不过，还是得注意整体空间状况、配置和设计，再决定用什么颜色，从"色彩的协调性"来思考，留心空间颜色的流畅度，就能让房子看起来有生命、很灵活。

对于少部分比较大胆、想用比较鲜艳的色彩搭配居家的人来说，例如：红色、橘色……等，该怎么着手才不会失败呢？

鲜艳色可用物品代替

不见得只能把家里的墙面都刷成某个颜色。适时搭配该色系的家具与装饰品、小物，或相近的家具材质，甚至是替换沙发背墙的色彩，一样可以达到"让色彩跳出来"的效果。

开放空间的色彩要有关联性

用有色物体、家具和艺术品等，把邻近房间中的颜色从一处带入另一房间，也能够创造出空间的相互融合。例如白色组合法，有偏玫瑰色的白、有米白、还有偏紫的白；当这些相近的颜色凑在一起时，不但和谐，还能营造出舒适的居家气氛。

鲜艳色可配浅一号色运用

针对通道、走廊或是开放空间，则是尽量维持一致的颜色，或是选用深一号、浅一号的颜色，这样就不会造成单一空间的孤立感。

suggest

设计师的建议

有层次的色彩，能决定空间的舒适度

用墙色突显家具，连结空间

林志隆：有时，家具才是最显眼的布置重点。因此，即使运用大面积的素色墙面，也不会显得单调，是最能衬托出有个性的家居方式。例如，同为灰色系，可用不同深浅程度的灰在不同的空间做变化，但整个家却能保有整体性。

橙橙设计：每个壁、每个地、每个柜子，它们存在于空间中的占有的设计比例，已决定空间是否因设计而变得狭隘，所以加上色彩的分配，是极为重要的。

郭璇如：要注意墙色与周遭元素的搭配性。例如：与地板花色的呼应或对比。当地板很花时，墙面宜素净；当地板很朴素时，墙就可抢眼些。

王俊宏：风格的塑造跟颜色构成没有关系，但跟"空间感受"很有关系，所以无论是材质搭配还是装置手法，抓住几个统一的元素就好，其他的墙色就可以自由变换。

朱英凯：许多室内设计师会建议大家多多使用"大地色系"妆点居家，原因并不是"大地色系的颜色比较易于搭配"，而是因为色彩本身就有层次性，不必再搭配其他颜色。

特室内设计

1 以同色系的深浅连结空间感

当你喜欢粉红色，就可以用同为粉色系的粉紫、粉绿等，在房子的各空间做跳换，让每个空间有所连结。

Artwill Interior Design House

2 让家具特色更显眼

有技巧地运用空间的大面积有色墙面，可以衬托出个性家具的特别风格。

如何让整个空间看起来更大?

A 浅色系最有效，
同时要注意天花板和墙面的关系

　　利用色彩来放大空间，是许多设计师很常用的手法，一般来说浅色系可以让空间相对明亮、有活力，为什么浅色能发挥放大空间的效果？这是因为浅色墙面能反射较多的光线，因此看起来似乎面积比较大。

　　并不是深色系就不能用，但要考虑情况和风格。因为光线反射的关系，暗沉色彩的墙面看起来就会让人觉得它比实际面积来得小。

　　要让房子变高、变宽的方法——

天花板颜色要比墙色浅

　　在色彩规划时，天花板的颜色要跟墙面同色系、但浅一些，在视觉上会有空间挑高的错觉。我们必须记得居家的立体空间，是由天花板、墙面与地板组成，我们对空间大小的感知是来自于看见天花板和墙壁的交接处，以及墙与墙之间交会的棱线。因此，采用"浅色天花板＋深色地板＋介于两者的中间色的墙面色彩"，就可以轻松搭配出任何人看了都会惊艳的色彩配置。

利用打光效果放大错觉

　　没有了光线，我们就无法感受到颜色，甚至是家具材质的存在。而且只要运用得当，光线也是放大居家空间的重要推手。例如：我们可以在书柜两侧打上间接光源，就会让人产生"扩散"的错觉；天花板也可以比照同样方法办理。

小地方用浅色，放大面积感

林志隆： 假如一个空间很小，可以大部分使用浅色。在小地方，例如：在床头或电视的背板墙做跳色或样式的设计，就可以让空间不会显得太单调，也不会因色彩太重或太杂乱而产生过度挤压空间感。

朱英凯： 窄小空间应该尽可能选用较淡的用色，因为太深的颜色会减弱光线折射，让居家看起来更显窄小，这是整体空间的选色秘诀。

光往上照会拉高墙、光往下照令天花板色变深

郭璇如： 我们也可运用光线来让天花板看起来比实际更高。比如，天花板周遭做一圈内藏间接照明的造型天花，投射在原始天花板的灯光除了能让天花板变亮，同时也会让它看起来比较高远些。

橙橙设计： 将灯源挂在天花板下方，背光的效应会让天花板的颜色看起来比实际颜色更深，使原本颜色较浅的天花板，反而视觉上看起来和墙面差不多。

怀特室内设计

1 小面积的跳色让空间有变化

在一间面积小的卧室中，用白墙、白床放大空间感，然后以床头板和壁纸的跳色，令整间卧室不单调。

郭璇如室内设计

2 用光的折射制造挑高错觉

图中的玄关因为天花板较低，所以使用穹顶造型搭配水晶灯，透过吊灯折射光线打在穹顶，来营造高耸感。

question
04

为什么卖场中挑好的颜色，漆在自家墙上就不一样？

A 光线强弱会影响眼睛看颜色的感觉

色彩的效果与室内的光线好坏息息相关，空间的采光会大幅影响眼睛对色彩的感受。同样的颜色在阳光直射下，跟在光源分散的情况下会有天差地别的表现。光线太过充足，油漆颜色的饱和度就会降低，很像过度曝光的照片；当光线不够时，色彩就会看起来很平淡、了无生气。

光线不足时的颜色挑选

浅色在光线不足的状态下通常会缺乏立体感，而较暖灰的色系，就可能造成浑浊或闷乱的反效果；浅灰色、米色这种中性色彩，可以让空间感觉放大；而像深灰、浓艳亮色系这种太凸显的色彩，比较容易感觉到墙面的位置，不适合用在小房间。

昏暗的空间必挑色彩

先天室内光线比较昏暗的空间（白天不开灯就无法阅读的情况），应以

昏暗的灰黑色只要光线充足，再搭配鲜艳的饱和色，也能让空间亮起来。

采光不足的空间以明亮的白色为主调，会更加突显光影的美感。

明亮色系为主，如白、米色、淡黄、浅天蓝等。饱和色调，如深咖啡色或紫红色，适合用在夜晚才使用的空间，例如餐厅，就特别适用。

白天、晚上的色彩表现不一样

光线的冷暖色调也会影响到墙色，白天的阳光跟黄昏的阳光，色温不同。所以，你可以将挑选的颜色刷在墙上，在不同的时间到现场观察，倘若墙色在上午跟傍晚的效果差距较大，就得适度调整。

专栏 Choose Colors

绝不会出错的颜色清单，
让你更能轻松选色

红色系
给人热情、活泼，有生命力的感觉。西方人喜欢用在餐厅，因为它不仅能呈现出温暖的感觉，也很能衬出白种人的嫩白肤色。

黄色系
是充满活力和动力的颜色，会让人心情开朗，适合用在缺乏自然光的房间和走廊，它能营造出阳光的感觉。

绿色系
算是百搭色，因为大自然色系和浅色，都能带给人舒缓和清新的感觉。但过于饱和的绿，有时会太耀眼，所以用在浴室里较合适。

灰色系
是一种沉稳的颜色，能营造出宁静的氛围。它的搭配性极强，能融合所有的颜色，但在用较深的灰时，要谨记空间的光源要充足。

棕色系
这种颜色是"大地色系"的一种，有木头的温暖感，贴切地用在家中的墙上，能增添高贵雅致的氛围。

米白色系
是最中立的颜色。可以将可能过于甜美的对象或家具，调整出既现代又精致的风貌。几乎所有的装饰风格都能搭配这种背景色。

蓝色系
蓝色和绿色都是天然的背景色，适合衬托所有色彩和装饰风格，所以百搭。基本上，蓝色和白色可以互补。

用壁纸的好处是什么？
如何用来美化空间？

A 壁纸的图样多变，
可以遮丑，也可以点缀呆板的空间

多数人习惯把壁纸当作油漆使用，其实有点"大材小用"。随着厂商的研发创新，壁纸已经不再是"一片薄薄的纸"，反而可以创造出油漆做不出的效果；想要快速营造风格、使用替代建材、省钱，壁纸是最适合的选择。

用壁纸能修饰墙面缺点

在小房间里运用壁纸布置，会让空间看起来迷人，也多了个人风格，对于状况不甚完美的墙面，壁纸更是绝佳的美化工具。

壁纸图案会影响其他对象花色

墙面贴上壁纸后，墙面上的图案会大大限制房内各处搭配的花样。因此，无论你想选择什么颜色、布料和摆饰，一定要优先考虑墙壁。

小范围用壁纸最有效果

空间想要呈现什么风格，就可以选择情境式的壁纸来重点装饰。不过，大范围的墙面，不太建议用单色壁纸，倒不如用油漆，因为整个空间贴壁纸造价反而高，若是有图纹的壁纸就另当别论。

─── suggest ───
设计师的建议

壁纸比油漆更有表现性

暗纹壁纸的花色最能提升空间质感

朱英凯：壁纸可以贴出仿如石材、木皮，甚至是布料的效果，可以用在展示柜的底墙、床头、沙发背墙等地方，除了具有绝佳的装饰效果，还能进一步提升空间质感。

郭璇如：挑选壁纸的花色，要看空间的主角是谁，我们就从中找出主色，或是能与之呼应的对比色，再针对这个颜色来搭配其他适合的单品。

橙橙设计：单就易于搭配的角度来看，暗纹壁纸是佳的选择。在一个空间里，就不会因为壁纸而使整体家具、装饰品的搭配受到严重的局限。

林志隆：潮湿气候对壁纸是一大挑战，可以透过除湿设备改善，目前有隐藏在天花板的吊隐式除湿机，不会破坏整体空间风格，只比移动式除湿机多出安装工钱。

S & J Interior Design Ltd.

1 空间的主角来决定壁纸的花色
为了呼应卧室的花草图案，在床头的墙面也选择相同风格但不同色系的小花壁纸，让空间的主调协调一致。

2 仿饰壁纸让墙面变化更多元
贴上仿石材、木皮、布料，等等材质的壁纸，更能突出墙上或靠墙的装饰物的特点，也让人一看便知空间想表达的精神。

Fancy Design

油漆种类该怎么挑？

A 公共空间选耐用型，美化、布置挑装饰型

选择墙面油漆时，应该要从空间用途和墙面状态两方面进行考虑。使用频率较高的空间适合蛋光漆或较有光泽的面漆，而不喜欢留下指印的空间则可以涂上平光漆，小瑕疵在平光漆面上比较不显眼。

平光漆

坊间最常见的油漆。墙面和天花板上的小瑕疵，用这种漆最能遮掩。

蛋光漆

欧美最受欢迎也最万用的面漆，不仅容易清洗且防污，也很方便补漆，比平光漆更易遮瑕。

哑光漆

适用于使用频率较高的空间。这种漆容易清理但补漆困难。

半光漆

亮度比蛋光漆高，很适用于饰条和木作装潢，能为整个空间画龙点睛。但半光漆和哑光漆一样，都不易补漆。

亮光漆

最易清洗的面漆。能呈现出镜面般的效果，在坊间常用于楼梯间。如果用在饰条、木作装潢和橱柜时能更显活泼感，在所有面漆中最为耐用，也最容易清理。

仿饰漆

欧洲住家常使用这种技法来为墙面上色。由于过程大量仰赖手工制造色彩与质地的细微变化，油漆师傅的美感与技术就变得很重要。

hoo

统一房间色调
将墙壁漆成跟沙发或空间里最大件的家具一样的色调。

壁贴及立体壁雕
该如何运用让空间更生动?

壁贴与壁纸的不同之处，在于常常是单独、具有主题性的花样，像是缤纷的气球、可爱的动物图样等，使用的目的是为了提升空间的焦点，并不适合大面积的覆贴。例如白色墙面贴上壁贴之后，立刻就具有"空间的画龙点睛"之效。

壁贴让素色墙面有个性

有时租屋族在无法改变租屋处呆板无趣的样貌时，可以用小型的壁贴去改变素白的墙面。

常见的装饰灯管也可以是墙面装饰品

用一般商家常用的装饰字母灯管，拼出自己或伴侣的名字，贴在卧室墙上，增添整个空间的温馨甜蜜感，这是一种随手就可办到的布置巧思。

壁雕是让墙面有生命的另一选择

壁雕在台湾还不常见，也有人认为过于费时费工，且功能性小；但壁雕只要挑选、布置得当，会让一面素墙看起来十分有艺术感，也更显独特。

灯光与壁雕的完美结合

别认为壁雕花钱不实际，当你尝试布置一个趣味角落时，带着童心和创意的壁雕，加上适当的灯光辅助，就是一幅令众人赏心悦目，赞叹不已的艺术品。

橙橙设计

风格布置

墙色

笔记

● 顾问／橙橙设计

古典风

以深色为主轴，湛蓝、橘红、驼色系非常普遍

古典风格的装潢源自欧美建筑气派恢弘的历史，色彩搭配相对大胆霸气。

古典风格的运用方法

在台湾相对保守的民风下，选择自然也就不同，大体上是以大气明亮为主的美式古典风格为主流的，墙面色彩的处理与运用上也会在某一个空间或局部墙面做搭配，让古典沉静贵气的氛围发挥得更加到位。

在色彩的运用上，古典风格在台湾常见的配色方式，以米白色、米黄色、浅褐色、灰藕色为主流，且为了彰显欧洲贵族的风格，再加入些奢华的金属色系点缀，金色、雾金、雾银、古铜色系等元素，引领出欧洲贵族十七至十九世纪奢华典雅的高贵气质，以及装潢的价值性。

基础的空间放大术

古典风格的设计，源自于欧美国家，大多以"路易十五"及"路易十六"的风格为主，并加入维多利亚时期英国的艺术风雅，而传承下来的设计概念及工艺手法，在古典风格的设计中，表现为墙面与天花板延伸至地板，具体不外乎于以壁板、壁纸（布）、喷漆、线板、石材及地毯、木质地板等元素的运用，而如何使这些琳琅满目的材质结合在一个空间，却不因繁复而使得空间缩小化、矮化，关键在"比例"。每块壁、每块地、每个柜子，它们存在于空间中的设计比例，决定着空间是否因装潢而变得狭隘的60%的因素，另外，色彩的分配也极为重要。

- **利用天花板、踢脚板和墙色的差异放大空间感**

❶上线板、❷踢脚板、❸壁板

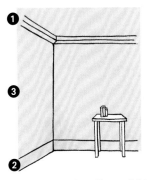

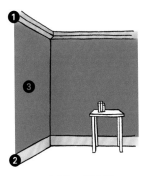

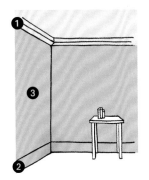

方法a：上线板延伸至天花板　　　　方法b：跳色法　　　　方法c：壁板或壁纸与踢脚板同色

方法a ❶＋❷＋❸同色 ➡ **视觉上会较高**

方法b ❶＋❷同色、❸跳色（差异极大化之色彩）➡ **空间视觉会矮化**

方法c ❷＋❸同色、❶天花板同色系较浅色 ➡ **一般表现法**

- **柜子和墙面尽量采用"高度上下或厚度深浅"的层次表现，制造空间错觉**

方法a：平面型　　　　　　　　　　方法b：立体型

方法a 图中❶及❷不可等比对切分配，比例建议大约❶2／3；❷1／3。

方法b 图中❸及❹相同、❺凸出，不要以柜身同深度表现。

古典风最佳的壁板处理法

古典风格在墙面的表现方式较精致的，以"壁板＋线板＋雕花"为主流，再依照不同国家的风格，运用的比例及繁复的程度有所差异。英、法式的古典风格，会以全高壁板为主，其中，法式古典更加强调对称的廊柱及雕花的镶嵌，在制作的工法上，更为精巧及考究。我们在线板上的选择，会因房屋的现况而有所不同。国内的大楼、公寓受到面积及层高的限制，许多正统古典的元素无法发挥，我们可提取出主要元素，让整体空间仿佛沉浸在欧洲国家的住宅中。

决定一个墙面采用的壁板形式，首先以什么空间为主要考虑。举例来说，一般建议在客厅装潢上以全高壁板为主，这样有完整性及价值性双重优点，再则整体规划较为容易。客厅伴随而来的空间及元素，即入口玄关、电视墙（柜）、客厅、浴室、卫生间等，都需以全高壁板做结合，这样做较易处理一些细节上的问题，再则选用的沙发椅材质，不为受限，即使以英国图腾为主的提花布料，鲜明的色彩也不因太多色彩的墙面而局限花色的选择。

• **壁板形式的制作逻辑和柜子相同，才有放大效果**

古典风壁纸的特色

壁纸选项，不论纸质/布质、图腾，皆可因生产地点的不同，而使价格差异变得非常之大，究竟怎样选择才能达到搭配得宜、价格合理的目的？一般而言，壁纸的发源皆以欧美国家为主，因此图腾的设计，不论是线条、几何、花卉、花鸟等皆以古典风格为初始，所以非常容易达到完美的配置。

暂且不论纸质，一般图腾大约区分为二款：❶明纹；❷暗纹。"明纹"意指图腾为彩色；"暗纹"意指图腾色彩与底纸仅以凹凸面的立体度呈现，可以选择明暗深浅度相差20%以内。

明纹　　　　　　　　　　　　　橙橙设计

暗纹　　　　　　　　　　　　　橙橙设计

Tip

纸质

❶ "明纹"的壁纸通常是要用进口的效果才会好，因为进口的纸质较细致，可以精准呈现色彩的层次变化，而质感较一般的壁纸，纸材差，容易出现色彩太为艳丽、偏色等问题。

❷ 若是灯光较微弱的商业空间，则在色彩的层次变化上的需求较低，可以选国产明纹壁纸。如果受制于预算的考虑，可以优先考虑较低调沉稳的暗纹壁纸。

地板的选用

在欧美国家皆以满铺地毯为主要的材质，再辅以实木地板搭配；然而，在台湾较潮湿的环境下，选择满铺地毯的接受度较低，因此市面上并不常见，很多人接受的仍以大理石、瓷砖、木质地板为主流，但是回归古典风格的装潢，采用以上的材质，必须相当的谨慎，以免使地与壁的风格相冲突而南辕北辙。

瓷砖的工法

选用度最高的瓷砖就必须符合古典风格繁复工法的延续性，尽可能挑选表面为雾面质感，或窑变为主的石英砖、陶砖等。贴工方式：四方型砖以菱形贴、长方型砖以交丁贴，或以混合搭配设计也不失繁复及精致的工法。

木质地板的贴工技法

木质地板的选用，也是在台湾普遍受欢迎的，其中，实木地板的运用最为到位。贴工方式以"人字型"、"L型"、"回字型"为主。但碍于台湾气候潮湿和冷热温差极大，实木地板易产生"热胀冷缩"的现象，因此在铺设的同时，实木地板需预留较大的缝隙，以适应气候的变化，相对的，并不为许多人所接受。

人字型贴法

L型贴法

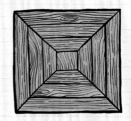
回字型贴法

海岛型木地板相对占了优势，但以古典风格的角度，它并不是最到位的选择，建议以浮雕木地板取代其不够精致的缺憾。贴工方式：以一般常见的"交丁贴"为主流，更精巧的贴法，可以在每个空间先做出框边，再以交丁方式混搭于其中，也不失为相当完美的选择。

遇到大梁时，古典风的处理方式

以大楼为多数住宅的台湾，梁与柱是无可避免的建筑结构，再加上新成屋交屋后减少房间数的案例极多，墙面一经拆除，就会产生更多的梁与柱，此时梁与柱外露凸显的问题更加明显。

设计古典风格时，线板的运用是最基本的木作元素，也是带出古典风格的主要元素，在墙面与天花板交界时，普遍皆会以线板加以点缀及修饰，但因为过多的梁与柱，会使原本对称环绕的线板因此不完整，甚至无法收边。针对这个问题，可参考几个方式稍加运用。

首先，若是梁的深度太深、压迫感太大，倒不如顺势将它区域化，例如：

❶ 梁在空间的中央，我们即可利用梁，将空间分隔成二区、四区皆可，各自绕行线板。

❷ 梁偏在离墙面30厘米～50厘米处，即可顺势将橱柜设计于此。这样梁会被包在柜体中，不会压低房子的高度，也不会在视觉上造成不舒适感。

❸ 当梁在空间中任一位置，无法分隔空间也无法与橱柜结合；此时，我们会以凸出它的方式呈现，在梁的底部以凸板加线板方式，让它更加精致，成为刻意的造型，让古典风格中必要的繁复工艺及造型细腻更加极致。

Tip

天花板

法式古典风格的天花板，只能用一句"雕梁画栋"来形容，在十七、十八世纪，工匠皆以手绘方式，直接在天花板上作画，其中之精细不在话下，但也因为他们得天独厚的条件，发挥得更加淋漓尽致。目前天花板的制作方式，符合古典风格的做法，不外乎以下几种：

❶壁纸＋线板边框
❷喷漆＋线板边框
❸彩绘图腾＋线板边框

而且不论喜好，如果希望天花板高度能在有限的环境下，尽可能在视觉上显得高挑，材质的色系尽量与墙面接近；如果壁面色系较深时，我们可以同色系、微浅一些延伸至天花板，这样的做法，不论整体效果还是视觉上高挑的程度，应该都是最好的选择。

橙橙设计

郭璇如室内设计

拟砖墙、仿岩的文化石或壁纸，也常是乡村风会用到的墙饰。

● 顾问／郭璇如设计师

乡村风

可以从某国乡村风的「经典色」来发展，也可以从自己偏爱的颜色来发展。

　　乡村风格重视整体的协调性，所以空间中的每种元素对乡村风来说都很重要。

乡村风的经典色

　　英式乡村风：多为粉嫩色系，如粉蓝、粉绿等带有清新感的田园风情。

　　法式乡村风：经典配色为蓝白配。不过，这里的蓝白配并不像地中海风格那样强烈。蓝为粉嫩的淡蓝色，白也是仿旧的刷白。除了蓝白配之外，也有许多看来粉嫩、可爱的淡黄、淡粉红、奶油白。

　　南欧乡村风：用色比两种更加丰富。意大利托斯坎尼地区爱用向日葵黄、橄榄绿、葡萄红等跟当地农业生产有关的色彩。法国南部的普罗旺斯则经常使用红棕色、熏衣草紫等反映当地风土人情的色彩。

　　希腊地中海风：以鲜明的艳蓝对比纯白最令人印象深刻。

　　美式乡村风：大致沿袭英式乡村风的花色，用色通常会比英式来得明亮。

乡村风的壁纸运用

　　乡村风空间爱用天然材质，壁材最好也能吻合此原则，比如，用棉麻丝的壁布或全纸质的壁纸，别用看来有很明显的塑料感的壁纸。即使是混搭或使用仿真建材，也以模拟砖墙、仿岩的文化石为妥。而油漆或粉刷的墙面，即使是带有丰富质感表现的仿饰漆，看起来仍不如壁纸那样具有画作般的质感。

风 格 布 置

墙色

笔记

● 顾问／林志隆设计师

工业风

墙色并非最重要的，家具才是最显眼的布置重点。

怀特室内设计

利用乡村风常用的仿砖壁纸，给工业风多些温暖。

有风味的家具是必须要注意的，加上空间整体设置，例如：天花板裸露、看得见的封管、运用金属铁件、粗糙感，都是营造工业风强烈的元素。

工业风的经典色

以工业风来说，灰色是最常见的用色，因此以灰色或大地色为主，是最方便、安全也是最普遍的选择，在此基础上再做出与其他元素混搭的底色。

就工业风来说，大面积使用太鲜艳的颜色，如正红、正蓝，很容易失败。某些经典风格会有惯用色，因此风格和颜色多少有一点关系。想营造工业风感觉，一般把握住使用灰阶、较深色、不缤纷的色彩即可。

Tip

与工业风混搭时，如何用色

有混搭的话，就比较难界定，像是工业风混现代或乡村甚至古典，颜色搭配就会更灵活，要看如何设计运用。

以屋主自己喜欢的颜色为主来和设计师讨论，设计师运用美感的经验和专业判断，来帮助调和不同色彩的搭配。

朱英凯室内设计

刷黑的天花板会让仰角视觉变得深邃，只要依据空间比例做出深浅分别，深色的墙色也可以很大气。

现代风

冷暖色调运用自如，依据空间比例分出深浅块面，温和的中间色较少使用

所谓的"现代风"，应该广泛包含现代人期待的理想生活，除了空间软硬件、装饰线条与相关材质面的化繁为简、去芜存菁外，墙面色彩的搭配尤其关键。

用色基础原则

每一个设计的布置，都仰赖现场的条件，对于一个已被设定为简约路线的空间而言，没有所谓的经典不败色，也绝不是坊间炒得火热的黑、灰、白就能包办所有。

有个重点必须特别注意，就是浓重的颜色要有"距离"才适用，例如：刷黑的天花板会让仰角视觉变得深邃，但近在眼前的墙涂黑或使用深色建材，就必然让人感觉压迫。

现代风的立面装饰技巧

现代风设计就是将屋子里可能出现的装饰线条加以简化、精致化，因此色彩就是用来美化墙面的主力武器了，我们当然也可以挑选喜欢的壁饰、画作、摄影作品，来跟素雅的白墙相互映衬。

各式木皮或加工的木纹皮板，也是简约风空间爱用的素材之一，一方面是现代人崇尚自然，喜欢在居家里多放一些可以帮助情绪放松、身心疗愈的味道，另一方面也是设计师个人美感的传达，而数面的墙统一选用相同的木皮板来处理，可以塑造完整的连续面，让风格的表现更具一致性，但类似的处理手法实际上也不仅限于墙面，可以向上或向下发展，也就是在天花板与地面使用相同素材，在强化空间层

各式木皮或加工木纹皮板，是简约风空间爱用的素材之一。

次、修饰结构梁柱的同时，也能落实自我的设计观点。

现代风常用到的壁面材质

• 喷漆、烤漆

烤漆跟喷漆都是费工的做法，首先底板一定要平整，烤漆或喷漆的珠光、平光、镜面效果才能完美无瑕，不过这两种工法都不适用家里有幼儿或宠物的空间，因为表面容易遭异物刮磨，虽然质感细腻，但保养也相对费心。

• 贴木皮或贴壁纸

贴木皮或贴壁纸也是很常见的做法，不过壁纸花色与木皮纹理都偏好以素净为主，多数是以干净背景的方式处理，避免太夸张的图腾干扰视觉，影响整体调性的平衡美。

• 烤漆玻璃

烤漆玻璃在近期的简约风居家相当受欢迎，一来颜色选择多、光泽漂亮时髦、搭配性强，加上清理十分简单省力；在实务操作上，也有留言板或涂鸦板的趣味机能。

• 不锈钢&粉体烤漆铁板

这类金属素材可说是展现个人美学品味的大热门，虽然造价较高，但呈现的设计感和精致感都是一流的，只要预算允许，现代简约风格居家中，一定会找到类似金属构件的存在。

• 砖或石材

各式砖材堪称耐候性最佳、稳定性最高、适用性最广的建材种类，而且它仿真的科技真会让人惊叹不已，相信大家都看过长得很像石材或水泥粉光、木头的砖吧！至于大理石较常使用于重点墙面，例如：玄关端景或客、餐厅主墙。

CHAPTER 02

窗户 + 窗帘

窗户是"房屋之眼"；
让每一扇**窗**
看起来都**生气盎然**

PplusP Designers Ltd.

为什么布置要先考虑窗户？

Ａ 窗户可以延伸窗外景致、引入光线，改变室内的空间视觉

窗户是我们连接户外的管道。从外面看，窗户就像人的表情，如果窗户设计得好，看起来就很生动。如果是传统的琐碎零散式小窗户，看起来就会枯燥乏味，所以完整的室内设计布置，连窗户都要考虑设计感和整体视觉。

窗户是空间的灵魂

设计得当的窗户很重要，因为对任何房间来说，透过窗口，我们可以让户外风景进入室内，也能让室内空间往外延伸。它们是整体空间结构中最重要的角色：不仅让你看见屋外风景，只要稍加妆点，窗户将会成为空间中的灵魂。

窗户可以调整空间视觉大小

窗框框住户外景色，窗户就像家中最美的一幅画。大面积的窗户还可以让整体空间比例好，降低封闭感。不过，并不是窗户越大、视野就越宽阔，窗户除了实际大小直接影响视觉外，窗户同室内空间的比例也影响视觉。此外，窗外的景色也会使人感受不同。

窗户能改善空间气氛

窗户除了引进好采光和好景色，对居家空间的通风也非常重要；因此若没有特殊情况，建议窗户能做宽就尽量做宽。正常的情况都是采用向外推窗，用大面积的固定玻璃尽量引进采光，两侧再做小推窗，方便开合通风。至于特殊情况，例如地下室则适合装设上推式窗户。

—— suggest ——

设计师的建议

窗户修饰得好，可以变成墙上的另一幅挂画

用窗户布置遮掉杂乱街景

林志隆：如果刚好由上往下视线看到的是杂乱街道，窗户会显得比实际尺寸还要窄小杂乱，这时可用矮墙修饰，遮掉下半部的视线，留住的是干净的蓝天和绿意，前方摆上沙发，就是一个窗明几净的舒适空间。

郭璇如：倘若该空间的元素非常多，门窗就适宜采用相同的造型，以免抢走空间风采；如果该空间很单纯，不妨在门窗上多多着墨，以提升整体的精彩度。

朱英凯：人的可见视野是270°，所以当我们走进室内时，只有一种可能会让我们聚焦于窗帘：与整体空间格格不入，包括颜色深厚、风格不搭等。唯有最高明的窗户设计，才是不着痕迹。

王俊宏：当自己可以决定开窗时，就要注意北小、南大，尽可能在面东和面南的方向开窗，确保基本的冬暖夏凉。

▣ 分割式的窗面让大采光面有变化
在风大的环境中，分割式的窗面常用来抗强风。不过，这种窗面也让空间多了不同的线条变化，增添视觉效果。

▉ 另类的空间修饰和墙面"挂画"
在狭小的空间中，窗户的作用不只是光线的来源，若是布置得当，其实可以让室内看起来开阔，同时也能将户外美景带进屋内。

着手布置窗户时的
重要原则是什么？

A 尽量保留原貌，
利用窗帘让窗户变大、变好看

受限于建筑的关系，不可能把小窗挖成大窗，只能透过窗户周遭的设计巧思，产生"窗户好像变大了"的错觉。不同窗款所营造的氛围不尽相同，如果旧有的窗户让整个空间非常协调、舒适，而且采光、通风都非常恰到好处时，那么，请记住：不需要搞破坏，让窗子保留原貌就好。

让窗户布置得最好的方法

你要重新布置一个空间时，请走进每个房间，想想你会如何使用这个空间，对着每扇窗问自己两个问题：

1. 这扇窗能引进多少光线，而我想要保留多少？
2. 我想凸显窗外的景色还是想把它藏起来？

这些答案能帮助你决定要安装何种窗帘，以及采用什么布料和风格。

让窗户看起来更高

想让窗户变大，可以试试把窗帘杆装在高于窗框上缘20厘米的位置，挂上落地窗帘。卷帘或罗马帘则将之安装于窗框之上，把帘子拉到最上面时，尾端还能遮到玻璃窗顶端一点点。

让窗户看起来更宽

将窗帘杆安装高于窗框上缘10厘米，并且距离窗框左右端至少各12厘米，并以这样的尺寸为基准，购买窗帘布。当窗帘收起时，布料会聚集到轨道的两端，窗框会被覆盖。让人在视觉上认为窗帘背后还有更多的玻璃窗。若是安装罗马帘，帘子宽度就要大于窗框左右两侧至少3~5厘米。

Match Design Limited

1 开大窗、烤漆收纳柜可放大空间

窄长的卧室让人有压迫感，所以开整面的大窗，并与壁面同色在窗边制作了白色烤漆柜面的衣橱，利用光源的折射效果，制造空间放大感。

PplusP Designers Ltd.

2 就算窗小，也能用窗帘放大空间

虽然既定的建筑格局是半腰窗，但屋主故意将窗帘做成落地帘，巧妙利用肉眼错觉，放大窗户和整个空间的宽敞度。

让窗户看起来小一些

若是遇到落地窗、凸窗或是玻璃墙的情况，可以在窗框上安装窗帘杆，并多挂几片窗帘，越宽越好，就可以打断视觉上的延伸感。

最佳的挡光效能

针对摆放珍贵艺术品或是光线亮到会让布面褪色的房间，建议窗帘杆安装的位置，可以高于窗框15厘米的位置，宽度超过窗框左右两边至少各8厘米。这些大于实际窗框的空间可以有效防止窗帘从侧边漏光。

用窗帘让窗户更好看的秘诀

⒜ 依照窗的优缺点
选择合适的窗帘型式，别过度装饰

就空间布置来看，窗帘能让空间中过于方正、笔直或棱角的线条变得柔和许多，并且让整个空间拥有不同的质感和颜色。但是，千万记住：让窗帘只是窗帘就好。一扇装饰过度的窗子只会过于笨重、累赘，让整个空间显得非常老气。

依照窗外景致挑选窗帘

如果窗外的景色很美，窗帘就可以低调一点，让窗户露出最大的面积，窗帘变成框住美景的工具。如果窗外的风景杂乱，就可以选择多层次的窗帘款式，这样会有遮掩的效果。

想遮光、挡噪声时的选择

窗帘还有遮蔽光线、抑制噪声的效果，因此对于窗帘的挑选，以及如何安装，就是一个布置空间很重要的素材。百叶窗、卷帘、罗马帘和传统窗帘是妆点窗户的四种最常见的方法，通常一间房子里至少会用到其中两种。

当你很注重隐私时的选择

不同的空间所需要的遮光、隐蔽程度不同，也影响到窗帘的选用。如果没有室内隐私方面的顾忌，比如客厅或面对空旷之处较不会有被窥看顾忌的情况，那么，装设一层透明度很高的纱帘就足够了。但当你非常注意个人隐私时，可以用百叶帘来布置窗户，百叶帘的通风效果好，在遮蔽隐私上也方便。

1 调光卷帘的应用广泛

调光卷帘是坊间越来越受欢迎的窗帘款式。外形是一段密织，一段镂空，可视室内光线调整密织段与镂空段，适合各类设计风格。

2 厚重的窗帘有空间聚焦的效果

当整个空间都属清爽简约的风格时，形式复杂或颜色、质感厚重的窗帘反而可以创造焦点。

如何挑选最合适的窗帘

A 依照每个空间的用途和特色，搭配合适的窗帘

挑选窗帘颜色的方法

窗帘颜色最简单的挑选方法，就是从空间中的油漆、地毯和椅面颜色来进行筛选。此外，也可以选择某件家具、艺术品或椅面花边的互补色。在布料的质地上做混搭的效果也很好。例如，无光泽的棉麻布可以搭配生丝等面料，整个空间会因为布料的光泽而变得明亮。

每个空间都有适合自己的窗帘长度

长度到窗台的窗帘看起来漂亮、干净，带点随性悠闲的感觉，适合厨房。长度到窗户一半的，不仅能引进大量的光线，又能同时保有隐秘性。长度到地板的落地窗帘在视觉上非常优雅，特别适合用在客厅及餐厅。长度几乎及地的窗帘会让窗户看起来更大，天花板更高，也会增加整个空间的华丽度，营造浪漫。

刚刚好的窗帘宽度

窗帘宽度是决定窗帘分量和华丽感的主要因素。一般而言，幅宽80～90厘米的窗户所需的对开窗帘布，每片布需要的宽度约为窗宽的1～1.5倍。窗帘收起时多余的布料会聚集在窗帘杆的两端；窗帘合上时还能看到十几个漂亮的折子。

多一层窗纱时，注意它的大小

在窗框内侧安装窗纱，越贴近玻璃越好。窗纱标准的宽度是窗宽乘以1.5倍，若希望看起来更有分量感就乘上2倍。

设 计 师 的 建 议

怕出错，就挑安全基本款

依照空间的功能，挑选窗帘款式最快速

王俊宏：在搭配上，挑选基本款的偏深大地色系会较安全，一来不容易显脏；二来也能完美衬托某些内层薄纱上的蕾丝或刺绣图案，当然遮光效果也会好一些。

朱英凯：选购窗帘时，应特别注意是否会用于卫浴，因为常年潮湿的空间不适合布质窗帘。个人是否有开窗习惯，也是考虑重点之一。例如：风琴帘本身并不透气，若为习惯性开窗的人，风大时就可能让整片窗帘贴在窗户上，造成不便。

橙橙设计

郭璇如室内设计

■ 在小憩的空间中，可以用优雅的古典落地帘来布置，若担心传统的织锦布料太厚重，就改轻纱幔，更显浪漫。

■ 当开窗形式是腰窗时，想要在视觉上增强窗户和空间的宽敞度，可以使用落地帘，并将窗帘向两侧加宽，更能显出效果。

在挑选窗帘布料时，要注意哪些重点？

A 除考虑隐私和遮光效果外，气候和季节的转换也是选料时的考虑

窗帘布基本上可以分成三种重量：轻量级、中量级、重量级。挑选窗帘布时，可以把气候和季节列入考虑因素，这样的窗帘除了装饰外，会更有实用性。

轻量级布料和薄纱

能提供一些隐秘性和滤光效果，通常会和重量级的布料搭配使用，以达到遮蔽的效果。

中量级布料

如棉、麻、丝、塔夫绸等布料，能提供更好的隐秘性和滤光效果。这些布料通常会用轻量棉做内衬以增加它们的密实度。

重量级布料

织锦和天鹅绒是此类别最具代表性的布料。这些布料有最高的隐秘性，但是也最不透风。

保温隔热布料

适合用在气候寒冷或容易吹进冷风的老房子。

1 棉布材质是坊间常见的帘布款，隐秘性高、透风度也好，是中量级的帘布料。

2 容易西晒的房间，若不在意窗外景致，可以使用隔热材质的帘布。

3 轻量级布料或薄纱能增添空间的柔和感

在较阳刚的空间中，采用轻量材质或薄纱制作窗帘，能柔化整个氛围，使空间不单调、刚直。

4 栋距近的房间适用织锦类的厚重窗帘

若是房子位于栋距近的小区公寓时，不妨使用厚重质料的窗帘布，例如：提花布，不但让空间有艺术感，也可以更有隐私感。

房子的西晒问题，
如何用窗帘解决？

A 除了遮光率高的材质外，
也可试试百叶帘或亚麻帘

使用遮光率高的窗帘

西晒面必须用遮光率高的窗帘，虽然不一定要用到两、三层的窗帘，不过要看阳光射进来的位置，若不会影响居住者的视觉，倒不一定需要高遮蔽率的窗帘；使用单层窗帘，让适度的阳光照入室内也很好。

使用双层帘也是方法

样式可以选择双层帘，或是里层加装遮光帘。如果西晒位置在客厅，可选用内铺锡箔遮光系数高、加上双层的风琴帘；如果是西晒的卧室，则选择一般布帘加装遮光帘即可。

透光性高的材质仍可保留隐私

还有隐私问题，在客厅可以用透光性高的亚麻材质或百叶帘，这样就算拉上也不至于昏暗，但是到私人空间就必须装设隐蔽性高的窗帘，或者加装内里，以调整隐蔽程度。

设计师的建议

利用遮阳贴纸或调光卷帘来调整

百叶帘、风琴帘、调光卷帘等，能够机动调整光线

王俊宏：居家西晒问题严重，明明装了好几层窗帘、冷房效果不明显时，可以考虑玻璃安装遮阳贴纸，以阻绝强烈紫外线的侵扰。

朱英凯：窗帘最大的功用，就是调节光线。少部分夜晚工作的人，白天需要安静的睡眠，必须选用遮光率高、密度较高的窗帘，同样的方法也可以用来解决西晒问题。例如调光卷帘，就有40%～80%不等的密度，可以视个人需求选购。

Match Design Limited

1 不希望放弃窗外美景，试试调光卷帘

西晒的房间若不希望错过窗外的景致，可以采用调光卷帘，能遮光，也能保留窗外风光。

2 西晒的房间可加长窗帘防漏光

西晒房间除了用特殊的防晒材质外，利用加长、加大的窗帘，挡住光射入，防止阳光曝晒；同时可加大房间宽敞度。

郭璇如室内设计

3 卫浴空间的窗帘应采用不易沾湿的材质

台湾的卫浴空间因为隐私和湿气问题，开小窗、不加帘，其实只要如图中所示用对窗帘的形式和不吸湿的材质，也可以开大窗又保护隐私。

怀特室内设计

4 风琴帘外观简洁具现代感，可以自由调整上下开合度，找出最舒服的空间光线，并适度遮蔽隐私，是近年来深受喜爱的窗帘形式。

question
07

窗帘该不该换季呢？

A 多备一套窗帘，
不但增加空间的变化度，也可方便清洁

　　窗帘能换季是最好的，除了换下来清洗之外，也可让空间有更丰富、多变的样貌。不过，同时也应与周遭元素如抱枕、寝具、耶诞花圈之类的应景小物，等等，一并进行换季。

　　通常，窗帘只要准备两套来替换就足够了。一套为春夏专用，花色与质地都让人觉得清爽；另一套为秋冬专用，宜选用较厚的材质与让人感到温暖的花色。

1 清爽的花布窗帘适合春夏两季
古典风和乡村风的布置最适合依照四季、摆设变化而更换窗帘布置，但一定要注意清爽花式、轻材质用于春夏，沉稳、温暖的花色和材质用于秋冬。

2 不同风格的空间布置，用不同形式的窗帘
窗帘的更换布置也可依空间风格的变换来挑选，但空间的布置改为简约风时，就选用色彩简洁、形式利落的窗帘。

S & J Interior Design

In Him's interior design

常见的窗帘款式

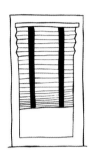

百叶窗

百叶不仅可透过调节叶片角度来控制进光量，也能如同窗纱一样地兼顾亮度与室内隐私。叶片可擦可洗，现许多人因体质过敏，多选用百叶窗。

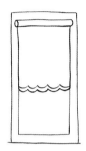

卷帘

在以简单的单面料挑选卷帘材质时，厚度适中的帆布或其他硬挺、轻量的布料，对卷动的顺畅度都有一定帮助。

木百叶

厚实的木头叶片具有乡村森林的朴实氛围；木百叶不像窗帘布那样容易成为尘螨的温床。

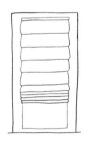

罗马帘

当拉上拉下时布料会被拉平，每一道折子都非常干净利落。"软式罗马帘"是没有撑杆的款式，布料会自行产生皱褶，比起传统的罗马帘，看来更随兴。

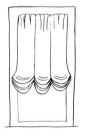

波浪帘

软式罗马帘的变奏版，视觉上也更加华丽。在布宽上比较有分量，上拉时在尾端会形成扇贝形状的折子，放下时布料的分量聚集在尾端。

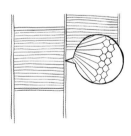

风琴帘

叶片中空，因此不仅能阻挡强烈光线，使室内光线柔和，更可以阻隔室外温差，维持居家恒温，具有节能效果。而帘布有透光、半透光以及全遮光，分单层、双层，以调整出最舒服的空间光线。

橙橙设计

古典风

窗型靠繁复的窗帘可以带出古典的优雅艺术气息

台湾的建筑搭配古典风格的装潢，只有"无奈"两个字可形容，我们的环境，采用的不外乎都是铝门窗，如何在室内同时希望以欧式古典风格呈现，即是一大考验。

木百叶可调光、可敞开，实用性高

颜色的选择很多，建议以接近铝门窗之色系为主，也可结合室内壁板墙面等色系做完美的规划，但切记此方式必须在木作施作时同时选定，因为木作与木百叶是需要工程上的结合且整体的搭配，方可达到精致、唯美。

窗框

更贴近欧洲风情的表现，做法为在木作工程计划时，先将窗户的框架以木作方式设计并制作完成，其设计方式与欧式古典的风格必须完全融入，古典窗框的设计有：头盖式、落地式、半落地式。

窗帘

一般而言，窗帘制作中最值得一提的是，窗帘的长度及束绑的方式。一般而言，在古典风格的世界里，存在着超越现实层面的浪漫，因而讲究的做法，应在未束绑之前垂地15～20厘米，束绑时微弧度的造型是必要的，作品完成时才会与地平行，从而达到层次丰富，豪华大气的效果。建议束绑方式应考虑整体屋高，若屋高较低宜采用高腰式束绑方式，相对的屋高较高，则高（低）腰束绑方式皆可，看个人喜好而定。

窗户

笔记

• 顾问 / 郭璇如设计师

乡村风

百也门窗是打造乡村风的极佳窗材，能有效地修饰窗型。

郭璇如室内设计

乡村风居家的门窗也是表现设计感的一大重点。然而，要不要混搭或采用同一种形式，得视空间的复杂度而定；如果该空间很单纯，那么，不妨在门窗上多多着墨，以提升整体的精彩度。总之，好的混搭手法成果应显得和谐，而不是每个都很抢眼。

木百叶是适合台湾环境的乡村风素材

台湾的住宅多半使用铝门窗，若用传统的对开帘或卷帘，当我们拉开帘子时，不免会露出原有的铝质窗框。若在原有的门窗内侧加设可活动推拉的百叶门或百叶窗，既能修饰原有的丑陋建材，也不会影响原有门窗的机能。

此外，木百叶不仅可透过调节叶片角度来控制进光量，也能如同窗纱一样地兼顾亮度与室内隐私。木百叶的使用年限也比一般窗帘来得持久。通常，布帘在使用三、五年之后，就会因为日晒等因素而褪色或是纤维变得脆弱了。此外，对于有过敏体质的人来说，布帘容易堆积灰尘并成为尘螨的温床，木百叶一般不会有这种问题，因此是相对比较环保的建材。

乡村风的窗帘形式多变，配件也最多，可依喜好来组合。如果窗外有优美的景色，使用传统的对开布帘时，帘子在收拢时仍会遮去不少窗景，若选用百叶折门，在想要赏景时只要将折门推到两侧，也不折损窗外的景色。

百叶门能成功营造欧美乡村风的氛围，这种建材不但能推拉门片，也能调整每片百叶的角度，所以就算关上整道百叶门，室内仍可在兼顾隐私的情况之下，享有通风与采光。

如果不用简约的百叶，乡村风最常见的窗帘形式，通常是对开或单开的布帘。传统的布帘可透过布料花色、整道帘子打褶的手法、造型杆、扶带流苏等等来产生浪漫的美感。布帘上方可装饰短幔或直接展现吊杆的造型美，侧边则有窗帘勾。此外，勾住窗帘的扶带还可加上流苏。

若是以空间的角度来看，客餐厅等公共空间的窗帘着重在于装饰性，它可以是一层薄薄的窗纱，也可以是打出很多褶子的提花布搭配一层白纱，等等，做法很多。若是卧室，窗帘就需要一定的遮光、遮蔽性了。

怀特室内设计

风 格 布 置
窗 户
笔记

● 顾问／林志隆设计师

工业风

不适合一般布帘，推荐用亚麻材质或用风琴帘。

　　窗框对工业风来说，并不是非常重要的风格元素，故采用简单大方的形式即可。工业风的窗饰可以统一用"消光灰"的窗框样式，呈现简单、粗犷的感觉。

　　工业风不太适合一般布帘，有预算的话，非常建议装设风琴帘。许多人一看到风琴帘就很喜欢，因为它上下调整位置的功能，比只能左右调整的布帘更符合需求，而它简约的设计非常百搭，尤其用在混搭工业风，更是兼具时尚和实用。

　　此外，风琴帘清洗非常方便，擦一擦就好，或是用掸子稍微掸开灰尘即可，比其他窗帘清洁起来都还快速，而且也比较不易有灰尘和螨虫，避免引发过敏。

风 格 布 置
窗户
笔记

● 顾问 / 王俊宏设计师
　　　朱英凯设计师

现代风

只要简单大方，符合空间的风格感，就算成功的布置。

王俊宏 / 森境设计

主卧应享有最佳的窗景

从现代风的空间设计来看，家中的窗能有一致性的处理当然很好，若不行就由空间属性、需求面、景观来决定。首先是家人共享的公共空间，如客厅、餐厅等；而私人独享的主卧、主浴等，理应享有最充裕的窗景；书房、厨房考虑阅读、烹调的必要性，采光、通风也是多多益善。

假使房子窗外的天然景观很棒，就不须在窗帘上多着墨。若是没有景观也没关系，现在有许多精致美观的窗帘产品，可以发挥绝佳的光控效果，并过滤旧市区杂乱的铁皮屋顶。

依窗景的优势布置窗

就现代风的空间布局来看，由室内向室外延展的视线，会影响达九成以上的软硬件布局，换句话说：只要开窗的大小或位置有所变动，室内相关的墙面造型、家具摆设乃至于色彩主轴都会跟着调整。所以在规划空间时，最好观察现场找出窗景优势，用感性的眼光加上理性思考决定窗的样子。此外，如果能够帮室内主要大窗搭配三层窗帘产品，包括内层轻盈梦幻的蕾丝轻纱、中层布幔与外层的遮光帘，达到美感与实用兼备的分段光控的目的。

大地色系的窗帘较实用

窗帘面积都比实际开窗来得大，往往被视为空间背景的一部分，因此设计师在搭配上，喜欢以挑选基本款的偏深大地色系为主，一来不容易显脏；二来也能完美衬托某些内层薄纱上的蕾丝或刺绣图案，当然遮光效果也会好一些。

王俊宏／森境设计

但是繁复或抢眼的花色、布料如丝绒、绸缎等一定不能选吗？那也未必，有些极度前卫的空间设计，很可能在极简的空间调性里，挑一个亮到不行的窗帘花色，让一向扮演配角的窗帘摇身一变成为舞台主角，那也是一种深具话题性的亮点设计！

空间中的布置都是简约的线条时，以传统的布帘或直线百叶装饰空间，更显空间的清爽。

怀特室内设计

沉稳的灰帘是衬托整个空间简约风格的重要推手。

PART **B**

布置**成功第二步**：
根据**你家现况，**
挑选你**想要变化的空间**

你或许无法用简单的词汇，

例如：乡村风、古典风……来形容自己喜欢的风格，

但布置的原理只有一个铁则：

只买自己喜欢的！

布置不是永久固定的，

要随意而为。

CHAPTER 03

客厅

客厅是
接待亲友、访客的场所，
这里的**家具摆饰**的**布置，**
正**代表主人的品位**

Samson Wong Design Group Ltd.

家具物件的 配置艺术 Placing of furniture art

如何摆放客厅家具

Debbie Depo Ltd

摆放不同风格的家具，展现自我品味

先抓住空间的主要性质和目的，再朝着这个目标展开布置就对了。其实，家具是陪伴屋主时间最久的对象，即使搬家，好的家具也能一直跟着生活，选用好家具，不只是品味，更是生活。所有的家具摆饰都反映你的个性，也向来访的客人传达某些讯息，客厅座椅就是个很好的例子。

根据个人的喜好和选择可以左右这个空间的调性。每件家具就像人一样都有它们自己的个性；在同一个空间摆放不同形状的家具，会让整体的视觉效果更有趣，但一定要控制在同一个色系里面。

家具的摆设重视适用性，但需要空间焦点

在选配家具时，沙发或整套桌椅跟空间并没有一定的比例。空间的搭配得看整体，请勿局限于"一对一"的思考。布置时，不管是家具、家饰或墙面等硬件装修，都不能将之视为单一元素。

同样地，高度也要被列为挑选家具的考虑项目之一。每个空间都需要一件高挑的家具，摆太多高挑的家具会让整个空间产生严肃华丽的氛围，但线条柔软的家具会把你的视线往上带，打破空间中低矮的水平线。而在几件小家具之间摆放少数高的物件，更能营造出温馨、包覆感的效果。

如果你缺少一个天然的视觉焦点，可以在沙发的对面打造一个壁炉或开扇窗，更可以在玄关桌上方挂一件能抓住众人目光的艺术作品或镜子，就能达到这个目的。

办一场Party就能看出客厅摆设是否符合生活需求

想知道家具陈列得成功与否，最简单的方法就是办一场聚会。透过众人的互动会透露出空间陈列的舒适度，注意观察客人们的行为，你会看到他们如何和这个空间互动、连结：他们是舒服地坐着，还是不停地在位子上动来动去？是灵活地穿梭在家具间，还是得将东西移来移去？有没有人移动椅子到角落？认真记下来，再重新依照观察来检讨家中客厅的摆设布置，然后依照新的规划，将家具摆放得更舒适。

━━━━━ 专栏 **Placing** of **Furniture** ━━━━━

让你的客厅空间摆设更有风味

Andrew Bell

Point 1

**把家具搬入家中前，
请记得先丈量房门和走道的尺寸**

　　摆设家具时最怕物品无法搬入房间中。建议最好事先丈量好房门、楼梯和其他狭窄通道的宽度，然后评估你挑选的家具能不能顺利通过。45厘米左右是走道最小的宽度，但每个空间至少都要保留两道又宽又畅通的走道。

Décor House

Point 2

**将经典家具摆在墙的附近，
造型家具放在显眼处**

　　经典家具可以衬托出墙面，简单墙面立刻得到风格提升。同一个空间摆放不同形状的家具，会出现有趣的视觉效果。

Samson Wong Design Group Ltd.

Point 3

当家具摆设角度感觉怪时，试试把它放到角落

试试看，把你的家具对齐房间边角摆放，会很有效果。如果你家家具的角度让人感觉很怪，那是因为它和整个空间感搭配不起来，有可能家具的角度不合适，也有可能是布局不合理。

*别把心思放在单一家具上

郭璇如设计师的建议：家具单品摆在空间中效果会走样，通常是因为布置搭配的敏锐度还不够，也可能是欠缺整体思考的概念，只着眼于单一对象，容易忽略整个空间的其他元素，因而产生问题。

*和设计师讨论你爱的家具

林志隆设计师的建议：有些屋主会遇到明明看起来很好看的家具，怎么放到家里整个空间就风云变色的窘境。建议屋主在挑选家具时，最好拍下照来与设计师讨论，或是把全部家具都打印出来，摆在一起看。

*客厅布置着重的是家具之间的比例

朱英凯设计师的建议：客厅不只是居家日常活动的中心，也是迎宾待客的主要场所，客厅布置不应该是买很多装饰，反而应该着重于"空间的纵深尺寸"与"家具的大小比例"，摆得好，不如摆得巧。

Point 4

经典的客厅桌椅摆设组合：桌椅摆放影响空间视觉

　　客厅是我们与朋友聚会、谈话或享受视听娱乐的地方，大家都希望客厅能够让人感觉气派，这就牵涉到客厅沙发桌几组的摆设排列。一般来说，台湾的居家多爱用"3+2+1"的沙发，但如果客厅空间不足，反而会让整体空间看起来更拥挤；近期因为小坪数家庭增多，所以沙发、桌几的排列也就更多元了。

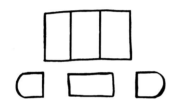

一张沙发、两张椅子和桌几

是居家最经典的摆法，很平衡、易于调动，适用于所有空间，非常受欧美人士的欢迎。

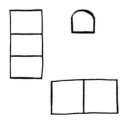

三人座沙发

三人座沙发加上二人座沙发、一张椅子、一至二张桌几，是经典的客厅摆设款，在三人座和二人座之间，可放个小边几或一盏立灯，变化度高，而单人椅的调整则可以划出客厅的幅员。

一张沙发、两张边桌、两张椅子、桌几、脚凳再加上两张椅子

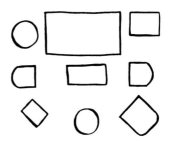

最后的那两张椅子可以当作是主座位区的旁支。平常能将它们靠着墙放、贴着走廊、放在某个角落或桌子旁边，有需要时就能立刻派上用场。

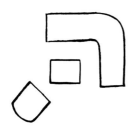

L型沙发、一张椅子、桌几

L型沙发是台湾人客厅摆设的常用款，因此这种环绕式的摆法相当常见，但L型沙发的缺点是转角处不易入座，也限制了空间，建议加一张单人椅来打破空间限制，增加摆设的灵活度。

一张沙发、两张椅子、桌几和脚凳

这是经典摆设的变化版。多加了脚凳不仅增加舒适性，还能在不打乱空间的情况下当成预备座位。

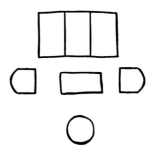

客厅布置 Sofa and Chair
沙发&单人椅 最重要的步骤

沙发靠墙时，宽度最好
占墙面的1/3~1/2

最好在1/2之内，
太高都会造成
不平衡

沙发面积过深，
就会缩减空间面
积感

朱英凯室内设计

先选材质再挑颜色

朱英凯设计师的建议： 建议大家可以从沙发的款式开始，其次再从材质进行考虑，最后才挑选颜色，就能界定客厅的风格。

沙发

找到完美的沙发组，
客厅布置完成50%

客厅布置要从最大件对象开始，沙发就像船锚一样，它会让空间里的其他家具各自找到安身之所。选定沙发、为空间定位奠定风格后，再挑选单椅与茶几的颜色、样式来与沙发搭配，较可以避免桌椅不搭调的情况。

**素色好搭不易错，
跳色时尚款却能彰显个性**

沙发种类数百种，款式不一，颜色也多，往往让人眼花缭乱。其实，最快的原则是：只要款式经典就不会出错，搭配一些现代风格的抱枕或布料，传统款式也能够变得很现代。

若是素色沙发就不怕风格会被局限，只要简单搭配一些装饰品或墙饰，就能变换风格；但是时髦印花或鲜明的花草图案沙发，容易喧宾夺主，打破客厅视觉和心理平衡，局限客厅的风格；但打破规则也没关系，只是沙发的花色必须有趣活泼，而且图案要耐脏，或是用垂直条纹的沙发拉长、放大客厅的空间感，需要注意的是沙发的花色不要同客厅的整体风格相冲突、对立或显突兀。

Roomservice Limited

沙发不超过墙面的1/2，客厅就不会显得小

由于很多人喜爱将主沙发靠墙摆放，所以，我们在挑选沙发时，就可依照这面墙的宽度来选用尺寸吻合者。要注意的是，沙发的宽度不要超过背墙，也不能刚刚好，应该占墙面的1/3～1/2，此时空间整体比例最舒服。例如：背墙500厘米，就不适合只放160厘米的两人沙发，当然也不适合放到满，否则会造成视觉的压迫感，并且影响到屋主行走的动线。

另外，台湾市面上的沙发组，三人座的一字形沙发大约在210～230厘米，L形沙发几乎280厘米以上。要考虑到沙发的深度和高度，整个沙发体积应该要跟空间成比例，太大只会造成视觉上的不平衡。

*
家具是屋主
品味的表现

林志隆设计师的建议：家具是陪伴屋主时间最久的对象，即使搬家，好的家具也能一直跟着生活，建议选用好家具，不只是品味，更是生活。

怀特室内设计

沙发花色选择鲜艳、条纹款，不但让客厅更有活力，也有放大空间的功能。

郭璇如室内设计

郭璇如室内设计

*
相同空间，
门窗开向不同，
家具摆法也会变

郭璇如设计师的建议： 即使是相同坪数，格局相仿的客厅，只要开窗或出入口的位置不同，桌椅的摆法与适用尺寸也跟着不同。

50cm

郭璇如室内设计

＊
沙发两旁要
预留空间
才不会有压迫感

郭璇如设计师的建议：若是客厅空间过小，可以只摆入一张一字形主沙发。沙发两旁最好能各留出50厘米的宽度来摆放边桌或边柜，以免形成压迫感。

Tips 布置小诀窍

如何挑选好沙发

人体肌肉是随意肌，尤其是坐下来时，身体会寻求平衡点，肌肉在无意中运动，当椅子不良时，肌肉要长时间维持一个不合理的姿势，自然会疲劳。

有人喜欢支撑力较强、较硬的沙发，有人喜欢松软的沙发，一定要亲身试坐，用身体去感受：注意腰椎是否有支撑，当沙发太软时，腰椎为了寻找平衡，会弓起而变形；当沙发椅太深时，身体随意肌会自然地想紧靠椅背，导致身体后倾严重，甚至双脚架空，反而更疲劳；此外，椅背的倾斜度也不要超过110°（与地面相对角度）。

而填料影响柔软度，内部的海绵有分低、中、高密度，密度愈高就愈硬；另外，也有泡绵最上层加一层乳胶垫，建议依照习惯挑选沙发填料。

＊
一字形沙发
是最佳配搭
的单品

林志隆设计师的建议：在搭配沙发组时，我喜爱用一字形沙发再配一到两个单椅，最能灵活调整。

—— **Sofa** set ——

常见的沙发款式

传统款式

特征是圆弧的线条搭配古典的细节，例如：拉扣、褶皱、裙边。拱背式沙发、布里奇式沙发、切斯特菲尔德式沙发，以及扶手和椅背等高的英国诺尔式沙发，都是看起来比较正式的款式，外形上带有一种包覆感。

☑基本款   □流行款

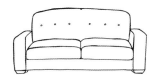

现代款式

简单干净的线条和四方的外形是这类沙发的特色，带有一种休闲、清爽的氛围，但又不失设计和利落感。

☑基本款   □流行款

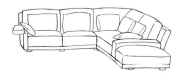

L形款式

台湾人最常选择的沙发款式，通常会给人休闲的感觉。不过，这种沙发并不实用，因为转角处不好坐，靠不到椅背、也无法直视电视，比较适合当成沙发床使用。

☑基本款   □流行款

无扶手设计

对于小空间来说，这种沙发可说是充分提供了座位面积。虽然它们的外形通常看起来都很有现代感，但也能找到椅面有着精致细节的款式，搭配任何设计风格都没有问题。

☑基本款 □流行款

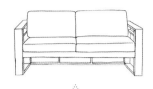

简约风款式

简约风设计因为线条简单利落、多为素色，易于搭配，近年来受到很多人的喜爱。但是形式过于简约，若空间中有较突出、显眼的家具或摆饰，简约风沙发就容易被忽略，甚至成为室内空间层次感的塌陷。

□基本款 ☑流行款

布制无脚款式

是法国品牌 Ligne roset 的畅销产品，原名为"TOGO"；为全世界第一张没有使用金属与木头结构的全泡棉沙发。因为特有的皱褶外形被叫作"沙皮狗沙发"。简单的皱褶很有层次感，一摆就有种说不出的闲散放松感。

□基本款 ☑流行款

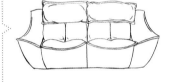

古典风皮沙发

此款皮革沙发是美式乡村风沙发的变化款，很适合布置于各种风格的客厅中。皮革材质的沙发经久耐用，用得越久皮革越光泽亮丽、触感更柔软；此外皮沙发给人以气派感，也会加重客厅的分量。

□基本款 ☑流行款

贵妃椅

是近年常见的沙发款式，体积近似于双人沙发，但只有一边有靠背与扶手，利于使用者斜躺、休息。贵妃椅与可供多人使用的一般沙发不同，通常用于个人休息、小憩、假寐等。

☑基本款 □流行款

单人椅

摆几张在角落布置，能点缀客厅的活泼度

　　摆完沙发之后，通常就是单人椅的配置，因为单人椅能立即在空间内营造出不同个性。主要座位区范围里的每张椅子，都要放在手能够到茶几或边桌的距离内。传统的摆法是在沙发的两侧分别放一张椅子，让整个空间看起来更整齐。

　　单椅很好用，你可以放个两、三张美丽、不占空间的设计款单椅在角落，以备不时之需；而圆凳可以在客厅需容纳十几人时派上用场，比起多放两张椅子，放圆凳比较不会造成视觉的杂乱，也不会有拥挤感，还能让空间多些柔和的线条。

＊
单椅选择与
沙发不同色

朱英凯设计师的建议：只要在旁边摆一张与沙发不同颜色、材质的单人椅，就能有效妆点客厅彩度，不再死气沉沉。

＊
用单椅制造
午茶角落

郭璇如设计师的建议：在一些小角落，例如：卧室一角、阳光充足的窗边等，我们可运用一、两张单椅搭配小茶几，就能布置出一处可阅读、赏景、聊天、喝下午茶的亲密空间。

郭璇如室内设计

Domodo Interior & Furniture Design Co., Ltd.

有时候单椅也能拼组成客厅座位区；就如图中所示，不同风格的单椅巧妙地用木材质做连结，便成就了一个现代混搭空间。

UdA Architects

*

混搭单人椅
可以表现个人品位

林志隆设计师的建议：单人椅可以是任何材质，不必和沙发一样。我最常用的形式是一字形沙发配两张单椅，最好两张单椅也不要一样，可以展现屋主不同面向的品位。

林特室内设计

Chair set

客厅单椅常见的款式

单人沙发椅

　　这种经典椅款式偏箱型，特征包括：单人座、扶手、背垫。要是已经有一套沙发组，就要避免这种造型。

基本款　□流行款

单椅

　　是种没有扶手，容易搬动的直背椅，这款椅子很适合摆放在沙发侧位，也适合摆在餐厅当作备用椅。这种椅子有许多衍生的设计师款式，各式设计造型的单椅，放在不同风格的空间中，会产生不一样的美感。

☑基本款　□流行款

高背椅

　　是种高椅背的扶手椅，其华丽的椅背往上延伸超过头部。这种椅子最常见的是皮面材质，营造出文雅的专业氛围。

基本款　□流行款

圆背沙发椅

　　是一种用坚实的椅背包覆座椅的设计；这种座椅越小巧越显优雅。

☑基本款　□流行款

无扶手矮椅

　　是小空间的爱用款。如果你追求极致的方便性，找找附有轮脚的类型。

☑基本款　□流行款

伊森艾伦女人椅

　　是美国家具品牌伊森艾伦（ETHAN ALLEN）的经典款单品；因为外形可爱又优雅而广受女性喜爱。女人椅的尺寸轻巧，放在小型客厅里也不显拥挤；椅身稍低，反能让体型娇小者坐起来更感舒适，因此常被拿来当成客厅的女主人椅或角落的阅读椅。

□基本款　☑流行款

圆凳

　　圆凳是台湾常见的单椅，不只是在客厅使用，也常出现于其他空间中，且用途甚广，除了可当备用椅，有时可依凳子的造型，适时地移做边桌或空间造景摆饰。

☑基本款　□流行款

温莎椅

　　起源于十八世纪中期英国的温莎堡，后来传至美国，成为美国社会爱用的单椅款式。外形上，有固定靠背和多根细细的支架，材质多是松木、橡木、枫木等。

□基本款　☑流行款

太师椅

　　是中国传统的单人椅，大约起源于十二世纪，早期多见于富贵人家，于清代才普及于民间，后来也传至海外，有了许多变化款。外形的特点是有细木条圆拱镂空靠背和扶手，靠背中段多有木板纹饰。

☑基本款　□流行款

客厅空间 最重要配角
Coffee tables &
茶几 & 边桌 Occasional tables

35～45厘米的
距离最舒适

40厘米的高度符合人体工学

怀特室内设计

留出90厘米的走道

茶几
牵动客厅其他家具摆设协调感的重要角色

　　小小的茶几就是客厅空间的中心点，所有家具都绕着它运转。茶几的造型会影响其他家具的配置，一旦茶几定位，客厅里最重要的摆设就大致完成。

最合适的茶几要和沙发互补并对比

　　挑选茶几的款式和材质，得先从沙发下手，找出和沙发相反、又能互补的样式；若是沙发为美式真皮沙发，感觉较休闲，就可搭配较阳刚、厚重的茶几；相反地，要是沙发椅脚比较细致，就可以挑选有点分量的茶几。如果沙发是深色，那就找浅色的茶几。

现成茶几的材质需要与其他家具的材质做连结

若是选购现成的茶几，要留意材质是否出现在空间中其他地方。有些人选择大理石台面的茶几，却忽略家中并没有相同材质的对象，造成单一材质突兀地出现在空间中，就难以达成协调性。

客厅摆设合乎人体工学，动线才会顺畅

茶几放在人人触手可及之处虽然方便，但一不小心反而会成为路障；因此，摆设位置需要合乎人体工学。为求动线顺畅你可以这么做：

❶茶几跟主墙要留出90厘米的走道宽度。

❷茶几跟主沙发之间要保留35～45厘米的距离，而45厘米的距离是最为舒适的。

❸桌子的高度应和沙发被坐时一样高，大约是40厘米高。

＊ 坪数较小时选 镂空型茶几

朱英凯设计师的建议：客厅茶几可以简单分成底部"镂空"及"有抽屉"两种。后者因为多了收纳空间较受欢迎，但如果坪数不大时，建议以镂空型为佳，可以让客厅看起来更通透，产生空间大的视觉扩展。

深色沙发配浅色茶几，让空间更和谐

郭璇如室内设计

沙发是真皮沙发，
就搭配厚重扎实的
茶几

怀特室内设计

茶几桌脚的材
质在空间中不
断重复

怀特室内设计

边桌

可以机动移位，是增添客厅风味的好帮手

边桌的主要作用是填补空间，常用在沙发和茶几间的空隙，它的摆设取决于空间的大小，若挑选到有设计感、与桌椅搭配和谐、不突兀的边桌，就更加具有装饰作用；如果放盏桌灯，就能增加空间气氛，用途十分广泛。

边桌就是要方便使用，所以桌面不应低于最近的沙发或椅子扶手5厘米以上；这种小边桌是能为客厅增添魅力的家具，有需要时就能马上移位置来使用。

Tips 布置小诀窍

挑边桌时可多点玩心惬意，用不同的材质营造特别的味道和氛围；把木箱拿来当边桌使用，不仅收纳空间增加，桌面也跟着变大。如果沙发不太稳，可以在后面放张小桌子、餐具或矮书柜。

可以任意移动

边桌变茶几

郭璇如设计师的建议：小宅因为坪数有限，摆入沙发后，剩余的空间有限，可以直接在沙发边摆张边桌，就能代替茶几的作用。

古典小布凳变茶几

橙橙设计的建议：古典风的客厅桌子有时可用椅子来替代，例如：将两张小布凳并拢，上放托盘，就是简易的桌子；不但具创意造型，座位不敷使用时还可挪作座椅，富有空间弹性。

收纳乱区

林志隆设计师的建议：边桌就是可以随手放茶杯、报纸、阅读中的书的地方，杂物有地方放，茶几自然就不会乱。

怀特室内设计

--- **Coffee** table · **Side** table ---

茶几&边桌的常见型式

沙发桌

　　曾流行一时的款式，多用在现代风、混搭风的客厅布置。因为是沙发材质，也可以挪为桌椅使用，挑选时要注意桌子的稳固度，以及台面的面积能置小物。

☑基本款　□流行款

玻璃桌儿

　　也是常见的造型桌；选购时需注意桌面是否是强化玻璃，厚度最好超过2厘米；在收纳时也要注意，把杂物放在下方空间时，必须少量、整齐，否则会让整个空间看起来更乱。

☑基本款　□流行款

子母桌

　　是由一对或三个能嵌入收纳的桌子组合而成。它们很方便移动，很省空间，也为平面的空间增添不同的高度起伏。有时，最高的那张可拿来当作边桌，小的两张则视需求自由使用。

☑基本款　□流行款

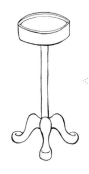

单柱脚桌

它的底座设计通常是向外展开，在有棱有角的空间中，会多份优雅。

□基本款 ☑流行款

圆桌

并不省空间，但可以打破有棱有角的长型空间，带来舒适的感受。

☑基本款 □流行款

长形边桌

方形和长形能够配合其他家具的空间配置，尽量挑选面积足够放台灯或抽屉的桌子，方便收纳杂物。

☑基本款 □流行款

长桌

是最受欢迎的形状，因为它可以自然地融入座位区。

☑基本款 □流行款

圆形边桌

有时是小圆凳状，有时则为中国风的形式。是最能填补沙发和邻近椅子的空隙的边桌款式，能为客厅加入柔和的曲线，打破空间惯有的方形线条。

☑基本款 □流行款

The Promoter of
气氛的推手Roomstyle atmosphere
客厅灯源

嵌灯：可提供此空间的基础照明亮度。

落地灯：主要为装饰之用，增加此区一个亮点。

吊灯：是主灯源，
也带出空间的古典
华丽

橙橙设计

客厅的灯光可分成三种照明模式：环境照明、作业照明、重点照明。环境照明基本上就是取代日光的光源照亮整个空间；作业照明则提供特定活动的照明，例如阅读；而重点照明则是完全装饰性的照明。

灯具使用多元化，
就能创造客厅的个性

在一个空间里，照明是必需的，但是灯光的设计却是极为深奥的课题，如何做到光影层次的展现，以及实现温馨华丽的妆点，建议以吊灯、落地灯、桌灯、壁灯四款灯具做层次上的运用与搭配。

台湾的传统习惯多是在天花板上做固定灯源，但这种灯光打下来多半刺眼、单调、缺乏美感。反而是在空间中挑几处当成照明点，让光源散落在各个不同的地方，落地灯加桌灯的组合、内嵌式的照明，都是很棒的选择；整个空间的主要光源是需要细细思索的。

不喜欢原有的廉价灯罩怎么办？

　　以高级布料、纸材、丝绸等材质制作的灯罩，都能将灯具的廉价感升级。选灯罩时，可以将灯座一起带去，这样就能挑出最合适的灯罩；例如：圆柱的灯座配上鼓状灯罩就很好看，花瓶式的灯座配上伞状的灯罩也非常合适。

　　当然，灯罩的颜色和透光性也要列入挑选的条件中。不透光的灯罩，光线只会往上打跟往下打；透光灯罩则是光线整个透出来。另外，粉红或黄色的灯罩会让打出来的光较柔和。

郭璇如室内设计

*

空间中多重
照明有层次

橙橙设计的建议：在一个空间里，照明是必需的，但是灯光的设计却是极为深奥的课题，如何做到光影层次的展现，以及实现温馨华丽的妆点，建议以吊灯、落地灯、桌灯、壁灯四款灯具做层次上的运用与搭配。

*
客厅照明
用轨道灯或聚光灯

朱英凯设计师的建议：聚光灯、轨道灯属于直接照明，可以作为客厅的主要光源，有时候换个方向打光投射，能让空间更柔和、有层次，并兼具"放大空间"的效果。

*
灯罩花色
配合沙发

郭璇如设计师的建议：先选定沙发之后再挑台灯。若是布沙发就搭配传统布质灯罩，先从沙发的配色找到主色，再选择以这种颜色为主的灯罩。

Tips 布置小诀窍

灯光会决定物品传达给居住者的视觉感受，最理想的色温应该控制在3000k~3500k，在这样的光线下，所有的家具设计和颜色装潢效果最好。现在，一般家庭为了省电都会选择省电灯泡，如果色温没有搭配在正确的范围内，到了晚上，你会发现所有的布置都是白费的。

*
打光方式不同，
功用不同

林志隆设计师的建议：可以在茶几上方设置主要照明，用来点出客厅的中心，边几位置也再打灯，单椅上方则打聚光灯方便阅读，只要相互搭配得宜，就能成功营造空间的温馨氛围。

Livingroom **Light**ing

客厅灯具的常见款式

桌灯

　　放在靠近沙发的边桌上，高度与人坐下时等高，是最舒服的；若会在此处阅读书籍，可以安装 75 ~ 100 瓦的灯泡。

☑基本款　□流行款

落地灯

　　标准高度是 1.5 米，若房间天花板挑高，则可以选择更高的款式。把它摆在空空的角落可以增添风味，作为单人座的照明也很利落；可以使用 60 瓦以下的灯泡，减弱刺眼的光线；但要注意高度固定的落地灯，应与沙发保持良好的距离。

☑基本款　□流行款

壁灯

　　安装一对在沙发上方或大门两侧，能增添艺术气息。整个空间只要墙面有了壁灯，就能改变整体氛围。当不点灯时，壁灯本身造型就带有极佳的装饰效果。

☑基本款　□流行款

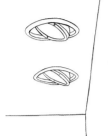

嵌灯

通常会内嵌在天花板或轨道上，很适合拿来照明书柜、艺术品等暗处。从上往下的光线可有效地提供这空间的基本亮度。

☐ 基本款 ✓流行款

吊灯

吊灯是客厅常见的主灯源；通常都安装在天花板的正中央。在早期，台湾人都爱选用较华丽的吊灯，来营造客厅的气派豪华氛围；但近年来，吊灯款式多元，一般人多爱配合空间风格挑选合适的吊灯造型，也不一定把吊灯当作主灯源，有时会加入其他不同的照明方式。

✓基本款 ☐ 流行款

造型落地灯

传统的落地灯都是直立式的，但为了增加灯具的可看度和艺术性，各大家具设计品牌都纷纷设计出造型独特的落地灯。灵感来自于悬臂式桌灯。它的曲线灯臂可以柔化较刚直的空间，也能令人的视觉往上延伸，是许多屋主的最爱。

☐ 基本款 ✓流行款

造型吊灯

传统的吊灯多是单一垂吊的华丽造型，但不断推陈出新的设计款就有很多变化。除了单垂吊型之外，也有长排型的，更多的是将原有的水晶灯体改成线条较简洁的现代灯体，例如：花朵造型、灯泡造型等。大家可以依照空间的风格，挑选适合的设计款。

☐ 基本款 ✓流行款

造型桌灯

桌灯的设计款也很多元，传统的灯罩就有各种变化，也有无灯罩的设计，以及人物、动物、植物，甚至是动漫人物的造型。

☐ 基本款 ✓流行款

让收纳成为 Let storage becomes
客厅的 an arrangement
一种布置

当空间设计较简约素雅
时，可以在柜面、平台上
摆设绿意，给空间增色。

对小坪数的家庭来说，运
用开放空间和"化墙为
柜"的收纳手法，会让家
看起来更大更开阔。

善用客厅每一寸空间

直向收纳数量多，横向收纳方便拿取

A Square Ltd.

客厅有一项不能忽视的问题，这里常堆放数量惊人的杂物，有条理的收纳是必要的。公共空间首先要考虑的是空间感和开阔性，因此客厅尽量先考虑水平的收纳方式，例如：横向的电视柜；然后就是最大容纳量的纵向收纳，尽可能善用垂直空间来做柜体，但建议高度不要超过240厘米，否则难以拿取。

但是，如果需要收纳的对象较大，做再多柜子也不如用一间小储藏间来解决。小储藏间多选在客、餐厅附近的一个小角落，既不挡住动线，也方便收纳、拿取公共空间的东西。另外，在沙发侧边增加收纳袋，也是方便随手放的收纳。若书报数量较多，建议做书架，像是镂空书架双面皆可用的特性，可以支持客厅与餐厅收纳，也可成为空间布置的一部分。

层架
开放式的收纳也是一种布置艺术

不想被四散的杂物包围就得替它们找个家，墙上的层架或书柜，就是个解决之道。尽可能善用房里的垂直空间，就可以创造井然有序的客厅。有些物品可以展示，如相簿、书籍、DVD等，但有些东西就需要装进杂物箱，如电线、小工具、遥控器等，再摆上层架，看起来会干净利落；只要丢进箱子里，就不用再去想里面有多乱，标明内容物，需要时就能够马上找得到。此外，也可以选购有收纳功能的家具，例如：木箱、有盖的椅凳。

*
化墙为柜是
收纳好方法

朱英凯设计师的建议：无论隐藏或开放式收纳，如果能"化墙为柜"，让不好看、杂乱的东西隐藏其中，让好看的地方局部或全面开放，就是能展现居家品味、兼顾美观与收纳的好设计。

*
转角处是
展示架

林志隆设计师的建议：利用墙面转角做层架，窄窄的一道层板就能当成展示架，即便放得再乱也不显得难看的，不需要做到整个柜子；但不适合露出来的杂物就要用部分门片隐藏。

利用滑轮柜收纳CD和书籍，再以简单的拉门当柜门；不想让访客看到时，就关上拉门收起，想让空间多点装饰时，就打开拉出柜子，呈现有趣的效果。

怀特室内设计

Décor House

开放空间可以将□□隐藏、开放式收纳并用；善用格□□的特点，部分格子是展示式的收纳、部分则是抽屉，成为整个空间中非常重要的布置焦点。

In Him's interior design

PplusP Designers Ltd.

视听收纳柜

杂乱的线团只要一个抽屉就解决

电视机是每个家庭必备的，外加相关的DVD播放器、音响、多媒体家电；这些家具其实是客厅最大的杂物区；若是你爱听音乐、看电影，那么这一区的杂物收藏，就更加重要了，最理想的方式就是为家电区购置收纳柜。

最舒适的电视摆放高度

现代家庭人多是平面电视，它薄扁的机体易于安装，但常有高度不对的问题；与视线等高是最基本的原则，但要记住：视线的高度是坐着看、不是站着看。

在购买电视之前，先裁一张与电视大小相同的纸，在墙上量一下，看看你在看电视时会不会抬头或低头。如果安置电视的地方过高，在选购电视时，可以挑可调整的壁挂架，这样便可以扳动电视机来达到合适的角度。

将摆放电视、影音播放器的那面墙，做成开放式的展示型收纳层架柜。只要运用得当，会成为空间的亮点，例如图中刻意在视听柜后打光，就是光影和收纳并用的客厅布置。

Matteo Nunziati

传统常见的视听柜多是水平横向收纳的低柜，此时可在柜面摆上小饰品增加空间亮点。

Roomservice Limited

墙色选用电视与收纳柜过渡色

理想的视听柜，包括DVD收纳架、延长线、电线等的收纳抽屉。柜的颜色通常是墙面色彩的延伸，最常见的是米色这种浅色系，但是在米色视听柜上放置黑色电视机看起来会相当突兀，所以建议在电视机后方墙面上涂刷过渡色系，比如灰色、咖啡色等。

用包线管管好杂乱的电器线

一大把电线绕来绕去，看了让人烦心，建议用胶带或标签注明每条电线是哪个电器的。想要视觉上更干净一点的话，可以使用包线管把所有的电线包在一起。

***
依电视与墙
的比例找视听柜**

朱英凯设计师的建议：视听柜该用半高柜/矮柜的形式，或是嵌入式/外露式的设计，端视电视墙与客厅大小的比例，以达到整体空间的美观效果。

Andrew

***
用整面墙做
展示型收纳**

橙橙设计的建议：视听柜可以以装饰型态呈现，也可与书柜、展示柜合为一体，并巧妙地安排于沙发对面的整个墙面，达到收纳及风格一致性的完美效果。

视听收纳并不如想象中的难，有时
只需要一个简单干净的矮层柜，将
所有的3C家电整齐地放好，便能
让空间看来清爽。

Vivid Design Ltd.

若你的客厅收纳有预算的考虑，
或是一时未挑到自己喜爱的视听
柜款式时，依然可以用简易拼装
柜来制造空间视觉的冲突。

Chateau Interior Design Ltd.

Media Storage

收纳柜常见的款式

隐藏式收纳柜

　　内含隔间或可调式的层架，方便收纳所有的多媒体家电。这种柜子通常体积大，建议挑选垂直式收纳。

☑基本款　□流行款

开放式收纳柜

　　多是层架或隔间设计，方便收纳电器。开放式的特性对于机器挪进挪出或调动位子都很方便，但这种柜子务必保持整齐，不然容易看起来杂乱。

☑基本款　□流行款

附轮电视柜

　　是种体积小、可移动的电视柜，非常适合摆在空间不大的家庭房。

☑基本款　□流行款

餐具柜

　　若是你的电视是附脚架的平面电视，就可以把餐具柜或碗柜改造成视听柜，把电视放在上头。只要在柜子背面开个孔，让电线穿出，接上插座就可以了。

☑基本款　□流行款

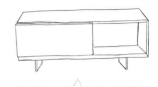

现代电视柜

　　稍有设计的电视柜，有隔层架，方便收纳电器和相关用品；体积小、形式单纯，在客厅空间中是点缀其他焦点布置的绿叶家饰。

□基本款　☑流行款

造型电视柜

　　较有造型个性的电视收纳柜，柜体通常是以木材制成，但不一定都用木色，有各色款式可选择。

□基本款　☑流行款

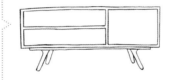

现代造型柜

　　此类型收纳柜不仅止于视听收纳，也可摆于其他空间中；特点是造型都很流行、前卫，多见于现代风设计的空间中。

□基本款　☑流行款

传统矮柜

　　是古典式的造型柜，柜体不高，外形多是洛可可风，若客厅的设计是轻古典或轻乡村，可以选择此款简约的小柜收纳电器、视听。

☑基本款　□流行款

空间中画龙点睛
The Important roles of Living room furnishings
的必要物件

地毯&其他小摆饰

地毯的某一侧的宽
度最好略大于
发5厘米左右。

Tede Design Group Ltd.

可找空间中出
出现的线条
色彩，增加丰
富度

地毯
用一张地毯集中客厅的焦点

多数人对地毯的印象是容易滋生尘螨、难于清理，其实它对于客厅布置很重要；中、短毛的中型地毯，可以衬托沙发的质感。

地毯能减少走动时造成的楼板噪声

一块小地毯对喜欢随着四季变换摆饰的人来说最没压力，是完美的单品。你选择的地毯尺寸、形状和材质都会影响房间的摆饰，地毯的功能包括：提供舒适感、阻隔噪声、衬托家具。

方形地毯是最符合空间的基本款，但圆形地毯却能带出更多变化性。一张花俏的地毯会让空间的焦点都集中在它所在的地板上，会影响空间的视觉，所以挑选地毯时必须要特别注意。许多人家里的客厅地板，都是冰冷的石材，如大理石、抛光石英砖，如果铺上地毯，那么光脚踩在软绵绵的地毯上，感觉就比较舒适。

要以不易脏、中间色为主要选择，
耐看也好搭配

关于材质和颜色，唯一的重点就是：以不易显脏的为主。白色和浅色掩盖不了脏污，但深色又容易凸显掉落在地毯上的线头和棉絮，所以避开极深和极浅的颜色，挑个耐看的中间色。

在地毯上摆放家具时，可以把地毯想象成一座舞台，而茶几一定是在舞台正中央。因此，铺好地毯后，就先依长度测量中间点，那里就是茶几摆放的位置。

想延长地毯的寿命就要保持干净，否则灰尘会侵蚀掉它的纤维，最好是以吸尘器将地毯两面都吸干净后，用防滑垫铺在下方来保护地毯。

*
中性和
大地色最百搭

朱英凯设计师的建议： 素色地毯是最安全的选择，若希望有图案或花样的话，挑中性色或大地色的，较为百搭。

*
整合空间中
所有单品

郭璇如设计师的建议： 客厅铺上块毯，可以将客厅座位区团聚在一起，将沙发、单椅、桌几、灯具等家具，整合成一个空间主题。

郭璇如室内设计

小地毯不一定要是方形，用圆形、不规则图样，都能让空间更活泼。

Recin Interiors Limited

在干净的素色空间中，可用色彩缤纷的地毯去妆点，让整体更有温度。

地毯的铺设范围可纳入单椅、边几，要有统合性。

其他配件

挑最喜爱、最美的摆，多了就不好

　　配件并非必需品，但它们是空间布置中最便宜、最快捷，也能为整个空间增添众多趣味和生活气息的物什，配件也能随季节或心情的变化而相应做出调整，例如：在冬季放上抱枕或铺上毯子，会让空间感到温暖。

　　但是摆放配件容易过头，像是摆放照片，几张照片就好，不宜摆放过多，挑自己最喜欢的即可。

抱枕：叠放在沙发上，增加悠闲感

　　能让沙发变得更舒适，小小一个抱枕就能呈现出万种风情。不过，抱枕不可多，建议只要少数几个方枕就好。试试看用层层叠叠的摆法，可以丰富层次感，也让人在躺卧时感到松软，营造出悠闲、惬意的氛围。

书报：叠起来、增加空间不同质感

　　书报、杂志能表现个人品位；家中即使没有太多书本，也还是可以摆在客厅当摆设，变成一种布置。几本不同高度的书本放在边桌上会生出不同的立体感。

利用几个柔软花色的抱枕，
叠放在同色系的沙发上，平
衡空间的视觉层次和温度。

郭璇如室内设计师

Grande Development Limited

客厅的角落摆上一个小
柜，搭配自己喜爱的乐
器，放几本乐谱、书报，
就是一个知性的布置。

叠几本书，然后
在其上放一块大
的玻璃或大理石
板，就成了另类
的桌几。

Chateau Interior Design Ltd.

裱框照片、图画：植物、风景的主题最适合

　　挑几张自己最喜欢的照片，裱框风格要大致相同，然后集中放在一起，挂在客厅墙上，就可构成富有特色的"相片墙"，是很好的空间装饰。

　　相同地，我们也可将这样的手法运用在挂画上；不擅长挑画的人，可以挑选植物或自然风景为主题的绘画。这种布置技巧更可以运用在日常行走会经过的走道，将它改造成自家独有的艺术走廊。

将有趣的收藏或趣味小物
摆得有技巧，会很好看。

Grande Development Limited

在楼梯间的转角处同样可以玩"自家艺廊"的空间布置手法。

Ross Urwin 郭璇如室内设计

廊道立面装点成组照片，往往能成功地构成视觉焦点。

有时同类的收藏品不一定要全摆出来，挑精彩的摆就好。

在墙上挂置格子层架，放进小件的私人收藏，是种很有创意的布置方式。

A Space Design Boris Design Studio

收藏品：集中展示比分散布置好

人人都爱收集藏品，想让你收集的小玩意儿成为亮点，要注意几个重点。

1. 一样的东西不能太多，只展示收藏中最棒的就好。

2. 把展示品放在同一个区域，比起分散布置更好。

3. 试试用创意展示收藏品，例如：用小格子放小件的收藏品、大件的物品用吊挂的方式展示，等等。

有些采光不足的空间，可以在墙上挂画，稍微用小桌几和几件小摆饰，再打上光，就会不一样。

Matteo Nunziati

玄关处放上一个单人沙发，加上小边几，墙上挂数个碟子，就可让换鞋处成为颇具乡村风的景致。

郭璇如室内设计

沙发角落的边几和小桌其实是非常适合布置小品、摆饰的精致空间，放个瓶花、摆件、可爱的玩偶，画面就有趣许多。

Roomservice Limited

窗台上摆放一些小玩意儿及几盆小绿栽，不要集中，稍稍有些间距、前后层次，会变成赏心悦目的小景。

集中

间距

集中

Grande Development Limited

风 格 布 置

客厅

笔记

● 顾问 / 橙橙设计

古典风

家具必须在细节上的雕琢上下足功夫，才能成就繁复且细致的作品。

沙发

搭配的布料及皮革也相对的考究。以沙发布料而言，绒质、丝质都是堪称贵气、优雅的首选材质，再加以提花织布法，更增古典的细腻，即使布面没有做太多的抽褶，也绝对不失古典的氛围。再就皮革来谈，在市面上皮革本身色系以深咖啡色、酒红色、墨绿色、湛蓝色为主，在皮革处理方式上，则以仿旧处理，甚至微有刮痕感的皮料最为流行，也更能呈现古典世界的历史性，综合以上两款材质，再在沙发下缘及扶把上添加古铜色系之铆钉，绝对是极致工艺的代表。

壁炉

壁炉的设计，可烘托出整体空间更加温暖、雅致，在电影中、欧洲旅游中也是常见的细节布置，如果希望再加入更丰富的功能，即可在下方离地50厘米处，加入音响设备，便可做到古典风情与现代影音功能的巧妙结合。

茶几、边几

在客厅的空间中，不可或缺的另外一个主角，即是主茶几，再则是边几，如何选择兼顾实用及整体性的对象，是一个值得仔细研究的学问。

传统的认知中，主茶几以长方形居多，边几以正方形或圆形为主轴，然而在讲究工艺的古典世界里，它是没有局限的，甚至一个大型沙发脚凳，也可以作为客厅中的主茶几，只要加上一个硬质大型托盘，它也可以兼顾实用多元及创造出浪漫唯美的空间感。边几的造型更是不须拘泥的，圆形、六角形、不规则形，只要木质雕刻得够细腻，皮革局部镶嵌得够完美。

灯具

空间里的灯光设计是极为深奥的课题，建议以吊灯、落地灯、桌灯、壁灯等四款灯具做层次上的运用与搭配，再依不同风格的古典装潢决定选择何种灯具材质，至于骨架部分则不乏古铜、雾金、雾银、木质雕刻之类可供选择，视造型而定，再佐以水晶片、水晶球、水晶管，如此，低台度的光影、墙面的阴影及天花板上的倒影，都会让空间美到令人赞叹！

饰品

布置得宜，是点缀、是装饰，摆放得不恰当，即是累赘。许多人将古典中繁复多元的历史传承与复杂多余的浪费混淆成一物，所以在采购饰品时，应该先懂得两者的差异，才能将投入饰品的预算，当作是装潢设计中必要的支出。

适合古典风格中最完美的装饰，以铜雕为主，不论动物、人物、钟、烛台……相当多元，不胜枚举。另外，精致雕琢的瓷器，囊括了杯盘系列、芭蕾舞者，皆为首选；水晶材质的饰品，也是古典中的灵魂代表，它折射的光影，炫丽而不俗艳，其活灵活现的工艺手法，也一再被各时代的人们所喜爱；最后值得一提的，亦是欧洲古典设计中不可或缺的，即是花艺和镶上古典线条边框的油画或水彩画作，有了这两项装饰，给空间增添自然柔美与人文艺术的居家品味。

风 格 布 置

客厅

笔记

● 顾问 / 郭璇如设计师

乡村风

经常出现花布沙发，注意提花布纹样的质感是越精细越耐看。

郭璇如室内设计

客厅的基本摆设

典型的乡村风客厅，通常以壁炉为中心，在壁炉前方各设一对主人椅，其余空间则陈列其他单椅或长沙发，通常还有矮几和落地灯；所有座位构成面对面、可用来谈心聊天的布局。最后，再铺上块地毯，强化以上家具的空间聚合关系。

地毯要比主沙发大5厘米以上

地毯的尺寸最好是有一侧的长度比主沙发略大，铺设范围同时能纳入茶几.与主人椅等椅具。如果客厅没那么大，那么地毯只要有某边的宽度比主沙发略大个5厘米即可。

沙发

英式乡村风、美式乡村风经常出现花布沙发。花布很美也很容易看腻，尤其是当花色出现在两人座或三人座的长沙发上时，可爱、娇俏的花色可能一不小心就变得俗气了。

选择沙发布的花色时，首先得看它的配色。一般而言，花色不要太强烈会是较安全的选择。对比强烈的花色效果可能让人惊艳，可是搭配上也颇具难度，很难驾驭。

其次是布料的花色细致度。基本上，沙发布可分为提花布与印花布；前者的花样是在织布时运用纺线交错排列而织出图案，印花布则是在平织出来的布料上染印出各种花样。除了布料质量与花色的水平，搭配功力才是关键。如果你还不太能掌握空间，选提花布通常会比较保险，因为纹样的质感是越精细就越耐看。

灯具

欧美乡村风住宅并不会采用全室一片明亮的均质照明，而是透过壁灯、吊灯、台灯或落地灯等，以局部照明的手法来营造令人放松的氛围。然而，大家习惯上的室内照明要求各角落都很亮，认为欧美住宅的重点式照明过于昏暗，因此可以变通加装嵌灯。不过想走乡村风，尽量别以嵌灯来当主灯，局部照明会比这种从上往下的照明更容易放松人的身心、拉近彼此的距离。

如果想用嵌灯，那就要注意光色！乡村风空间不适合看来显得冰冷、理性的白光。所以，不管壁灯、吊灯、桌灯、落地灯或其他灯具，都请选用2700k～3000k的黄光灯泡。

风格布置

客厅

笔记

• 顾问／林志隆设计师

工业风

暗色系沙发较适合工业风，皮沙发是首选。

怀特室内设计

客厅布置

建议从最大件对象开始，选定沙发、为空间定位奠定风格后，再挑选单椅与茶几的颜色、样式来与沙发搭配，较可以避免桌椅不搭调的情况。

沙发

客厅是呈现风格的中心区域，有风味的家具更是工业风的灵魂。在复古工业风格中，摆放一个仿旧皮沙发，等于马上赋予这个空间以灵魂，因此在复古工业风或者混搭工业风中，沙发几乎可以说是主导着整个空间的走向。客厅空间风格有没有型，第一眼就看沙发，故而沙发绝对要慎选。像是表面刻意斑驳的仿旧皮革包覆的沙发，搭配铆钉，就是很经典的样式。

茶几和边桌

我建议依照客厅风格和空间大小定做茶几，包括样式、材质、高度，都需要量身订做，因为很少有现成品可以搭得恰到好处。工业风的茶几材质要以木头和铁件为主，外形选越厚重、越粗犷的茶几为宜，这样越能呈现工业风。玻璃、镜面、钢琴烤漆材质等高反光对象都不适合。

我个人建议用非制式的茶几，就算要用圆桌，也会把它做成椭圆或像吉他拨片的那种不中规中矩的形状；要用方的，旧皮箱叠起来则会更有独特风格。打破制式的形状，绝对能为混搭工业风加分。

边桌样式要搭配沙发，以仿旧皮沙发来说，边几就要选择有强烈风格的样式来搭配，可以选择木头配铁件、水泥配铁件的边几，甚至像国外设计一样，一叠杂志用皮带绑起来，就是一个非常有风格的边桌了。

灯具

工业风适合采用暖白色的灯光，这样符合放松随性的氛围，不会用白灯。如果坚持要用白灯，要有心理准备，所期待的风格将大打折扣。工业风较常用的是吊灯、聚光灯、桌灯、落地灯，可以挑选属于单品式、灯泡外露的样式，灯泡可看得到钨丝，这样既可照明，又像装饰。

由于经典工业风通常不封天花板，不会使用间接灯光，因此主要灯源来自轨道灯或聚光灯，需要重点照明用来阅读的地方，则摆落地灯或桌灯加强，落地灯和桌灯的优点是增加空间光源层次感，挑选原则则以简单的金属铁件构造为主，不必选择精雕细琢的样式。至于需要气氛的餐桌，则可用富有设计感、灯泡裸露的吊灯，这样也可以界定开放式餐厅的区域。基本上，只要遵守上述原则，工业风的包容力便很大。

混搭工业风本来就是很随性的风格，方便屋主自己定义，因此很适合多摆设一些金属小配件。例如空间小品，可搭配铝制或铜制花瓶。

CHAPTER | 04

餐厅

餐厅**不只是用餐**的场域，
　　也是家人们**交心的地方**。
　　只要**布置得好**，
　　这里将会**是整个家最实用的地方**

A Square Ltd

家中最实用的空间
The most useful space
餐厅的物件摆设 of the home

餐桌椅组周遭的走道要留出1米以上的宽度。

若要餐厅变为多用途空间，180厘米×90厘米的大餐桌最实用。

试试混搭桌椅组，能使餐厅不只是餐厅。

小坪数房子，可用开放空间格局，让餐厅看起来更宽阔。

Roomservice Limited

餐桌的型式、颜色，
尽量与墙色有连结

居住面积小的人通常都会想尽办法善用家中的每一寸空间。而这个时候餐厅就是个关键空间，若是好好地规划布置，这里将是整个家最实用的空间：孩子可以在这里看书、做功课，大人能在这里整理信件和账单等。

在空间的布置上，墙色依然是优先定调的项目；选择自己最爱、看起来温暖舒服、百搭都好看的颜色，是挑选餐厅墙色的基本条件。

关于家具，空间的搭配原则有个重点，就是当空间里有很多元素时，你需要一个主题来集中视觉焦点。餐厅的主题就是餐桌，先从餐桌开始挑选，接着是餐椅，然后是光源，最后才是装饰小物。

用开放格局时，餐桌面积可以超过空间的1/3

餐桌的尺寸、造型，主要取决于使用者的需求和喜好。餐桌应该占餐厅面积多少个百分比要取决于整个餐厅面积的大小。"餐桌大小不要超过整个餐厅的1/3"，是常听到的餐厅布置原则，但在台湾并不完全适用，而且这个原则更可以用布置手法或开放空间的格局来打破。

安排桌椅时，餐桌周围要留出100厘米的宽度

选配餐桌时，必须注意一个重要的原则：因为得加上椅子、餐具柜，以及用餐者行动的空间；请在桌椅组的周遭留出超过100厘米的宽度，以免当人坐下来，椅子后方无法让人通过，影响到出入或上菜的动线。

若想让餐厅更加多功能，可利用餐桌椅的混搭让餐厅展现得不只是制式化的餐厅。如果空间许可，桌面可以选大一点，180×90厘米的餐桌最实用，桌面够大，适合当成笔记本电脑工作桌，甚至也是孩子的游戏桌与功课桌，凝聚全家好感情。

*
复合式餐厅
变化度高

朱英凯设计师的建议：受西方文化的影响，餐厅已经不再是单纯"用餐"的场域，可以视空间大小与个人的使用需求，规划成复合功能的空间。

*
让餐厅变成
多功能空间

林志隆设计师的建议：餐厅应该是一个家凝聚力最高的地方，因为只有在这个空间，全家人才会常常聚在一起，所以可以用布置设计的手法，让不同功能在这个空间中完美实现。

怀特室内设计

朱英凯室内设计

开放空间的餐厅布置，焦点集中在餐桌椅上

郭璇如设计师的建议：小住家可以将客厅、餐厅及厨房整合为一个开放式的宽敞空间，再用小橱柜、装饰摆设来区别隔开，此时，放置在开放式餐厅的桌椅，就会成为这个空间的视觉焦点。

郭璇如室内设计

餐桌&餐椅

混搭的桌椅组
才是上选

Mixing tables and chairs set is the best choice

以一家四口来说，餐桌至少要选四人座餐桌，如果考虑将餐桌当成工作桌或功课桌，选择六人座餐桌就能扩大实用范围。

PplusP Designers Ltd.

餐桌
先考虑空间、机能，再着手选购

选餐桌时要视空间大小，以及几人使用、是否还有其他功能需要，再决定适当的尺寸，最后才是挑选样式和材质。至于样式和材质，一般人多会选木桌，但建议可以试试不同的材质，尤其是当你设定餐厅为多用途时。

检查桌子的稳定度：
注意桌脚长短、"桌裙板"宽度

选购餐桌时，请抓着桌面动动看，桌子会不会摇晃或倾斜？接着，往桌子的某一角用力压下去，看看会不会翻桌。桌脚也是必须注意的细节，因为设计不好的餐桌，桌脚的部位容易使用餐者"卡脚"；还有"桌裙板"，也就是连接在桌面下方的木板，如果餐椅高度太高，桌裙板就会直接压迫到你的大腿。

依照自己的生活习惯，挑选餐桌材质

挑选餐桌材质时，除了品味之外，也要顾及实用性。例如：木桌虽然优雅，但很容易刮伤，需要使用隔热垫，免得被高热的餐具烫出痕迹。

木桌：

给人一种自然温暖的感受。挑一张做工好、榫钉完整的桌子，感觉便是完美的。但若是上过清漆的木料，则要注意表面有无瑕疵或气泡。注意：如果地板材质已是木头的话，整个空间就都是木头色，木质家具就会看来很无趣。

玻璃桌：

需注意是否为钢化玻璃，厚度最好是2厘米以上。

大理石桌：

容易刮伤，需要定期保养，购买时请挑选精心打磨、厚实的桌面。

亮漆桌：

只能算是一种统称，指的是涂上坚硬、彩色且高亮光涂料的木制品。而美耐板是一种将塑料或聚氨酯贴皮，贴在木头或密度板上的材质，有多种颜色可以挑选。

Tips 布置小诀窍

深色原木的桌椅组若超过一定尺寸，就很容易显得沉重。但深色木桌椅仍有沉稳、素朴、容易搭配等优点。我们若想避开木桌的缺点，可以这么做：

1. 以桌巾遮住整个桌面，可以掩盖住桌面的厚度。

2. 用小巧而多彩的餐具、花瓶来调整视觉。

3. 如果想展露木纹之美，小餐垫或装饰用的桌旗是个好方法。

郭璇如室内设计

Joy Interiors

城市设计

餐厅主副
照明比例是1：3

朱英凯设计师的建议：餐厅的间接
光源，一般为天花板的暗藏灯照明，
与主灯的亮度比例最好能为1：3，
才能靠主灯的照射让空间区域感
更强，其次才能依序安排灯
光的层次和光影。

方形桌比
圆桌更实用

郭璇如设计师的建议：方形桌子
在使用上较具弹性；有聚会时可视
状况并桌，若选用一般尺寸的圆
桌，坐了三、四个人时，桌面
就很容易不够用。

郭璇如室内设计

餐桌常见的款式

方桌

方桌是最符合多数空间的形状，可以提供最大的使用面积，所以在国外家庭的餐厅中常常见到。若是选择掀板或隐藏式插板的款式，可以让桌面面积增加至原本的两倍甚至更多。

☑基本款　□流行款

圆桌

圆桌是台湾传统最常见的款式，方便用餐者互相对话，人多时可以轻松挪出位置，而且能够打破空间的方正。有些圆桌会有隐藏掀板，可以让桌面会变成椭圆形，增加面积。

☑基本款　□流行款

折板桌

这种款式适合小空间，能够将两侧的桌面折下，变成细瘦的桌子；缺点是桌脚间的距离较近，容易卡到脚。

☑基本款　□流行款

传统四柱圆桌

传统中式餐桌款式。早期农业社会，一个家庭的人口众多，这种木制大圆桌，正可以让全家一起围坐用餐，有团圆之意。由于现代社会小家庭居多，因此在一般家庭中已少见，但仍是坊间中式餐厅的经典餐桌款式。

☑基本款　☐流行款

传统乡村风餐桌

传统乡村风的经典款餐桌，其特色是用厚重的深色木材制作而成。只要在空间中摆上此款桌型，立即就有乡村风的氛围，但也因其为较厚重的木材制作，所以搬动不易。铺不铺桌布皆好看，很适合优雅的餐厅布置。

☑基本款　☐流行款

工业风钢桌

从单柱圆桌发展出来的设计款，是因应现代风、复古工业风而诞生的。虽然桌体看来冷硬，但很百搭，就算是温暖的乡村风餐厅用上此款餐桌，依然呈现活泼的混搭乡村气氛。

☐基本款　☑流行款

玻璃造型桌

透明玻璃桌面是这类型桌款的特点，而桌柱材质、造型很多元。此款造型餐桌多见于现代风的餐厅布置中，但可依桌体的造型和材质，融入其他风格的室内布置中。

☐基本款　☑流行款

单柱脚桌

桌底只有一根柱子支撑，相对提供很大的放脚空间；而这种款式的桌面常见的是圆形，但也有其他不同形状，甚至可以掀板加大面积。

☑基本款　☐流行款

座位之间至少间隔
5厘米以上

桌面要高于椅面
30厘米左右，
坐起来才舒适。

餐椅的高度大约在
35～38厘米之间。

椅子后方要预留至少
100厘米的挪动空间。

Noon Interior Design Ltd.

餐桌椅

"先选桌子，再挑椅子"绝对是重点

混搭餐桌椅时，要注意风格差异

选购餐椅时一定要谨慎思考，不要光凭外观就轻易购买。许多时候大家都会建议用成套的餐桌椅组，虽然这是个非常方便的方法，但并不一定是最适合你家的选择。

挑选餐桌椅，要注意桌椅的相同属性，最好有相同的形式，如果搭配得宜就可以有画龙点睛的效果，因此要注意形式与风格的相符性，例如：古典风格便不太适合不锈钢类的五金餐桌椅。

餐椅的最佳高度是35~38厘米

餐椅应该要让用餐者坐得舒服、好移动，一般餐椅的高度约在38厘米，坐下来时要注意脚是否能平放在地上，椅面的前端比后面略宽是较舒服的，此时，以肩、背与手臂能舒适地放在桌面上为最恰当。

餐桌的高度最好高于椅子30厘米，使用者才不会有太大的压迫，例如：桌子高度是75厘米时，合适的椅子高度就是45厘米。另外，每个座位也要预留5厘米的手肘活动空间。

白色的现代造型椅 + 仿古木头长方桌 + 仿古木长椅。整个餐厅设计是现代风，但依8 : 2的原则，桌椅细的混搭不会改变空间的主题。

Comodo Interior Design

*

单椅加些
装饰可以成为布置

郭璇如设计师的建议：我们也可帮单椅配上布质椅垫，除了增加坐下的舒适感，强化它与周遭环境的呼应，也能调整这整张椅子的风格，使整体空间更为活泼或增添优雅感。

郭璇如室内设计

Tips 布置小诀窍

不会出错的餐桌椅混搭组：

. 压模胶合板椅 + 仿古的木头四方桌。

. 白椅框的古斯塔夫椅 + 现代风的亮漆桌面的单柱桌。

. 路易国王椅 + 方正的超摩登桌。

. 精致曲木椅 + 现代风的单柱桌。

. 现代风的伯托亚椅 + 大理石圆桌。

圆背沙发椅 + 现代风的
单柱圆桌；呈现的是优
雅的混搭现代风。

Fancy Design

*

摆脱桌椅组
试试混搭

怀特室内设计

林志隆设计师的建议： 餐厅的餐桌
和椅子非常适合混搭，每一个家具都
尽量不要重复，甚至不同材质、不同
颜色、椅背高低都不要
统一，能跳脱制式的餐厅
空间。

—— **Dining** Chair ——

餐椅常见的款式

古斯塔夫椅

来自瑞典的新古典主义风格。特征是四方的椅身、曲线椅脚、雕花装饰，整体外观看起来很柔美。

☑基本款　□流行款

路易国王椅

特征是高椅背。同类型的"路易十五椅"则比较轻、略带洛可可风；"路易十六椅"则有雕花椅背、锥形椅脚及小型装饰；部分的造型会有"曲线扶手"，体积会比较大，常被当作"主人椅"使用。

☑基本款　□流行款

奇本德尔中式椅

椅背上有着交错雕花的镂空设计，常见到的款式是涂上鲜明颜色的漆料，非常抢眼。

□基本款　☑流行款

曲木椅

被称为"维也纳椅"，是十九世纪欧美社会常用的经典椅款，至今仍大受喜爱，因此有"椅中之椅"的美誉，其特征是简单优雅，常被用做咖啡厅的单椅。

☑基本款　□流行款

郁金香椅

特征是塑料压模材质，外观绝大多数是白色搭配色彩鲜明的坐垫。

□基本款　☑流行款

伯托亚椅

　　这种金属网椅，椅身为 L 型或钻石形状，搭配坐垫，金属网多以镀铬或涂粉处理。

□基本款 ☑流行款

当代椅

　　现代型的款式众多，共同特征是中性外观、利落的椅面绷布，以及 L 型的形体。

☑基本款 □流行款

超摩登椅

　　材质包括：压模胶合板、亚克力、聚掺合物或金属等。特征是外形时髦、方便堆栈且耐用。

□基本款 ☑流行款

长板凳

　　本身很随性，适用于任何面积的餐厅，尤其宴客时，人数超过原有的餐椅数量，便可以利用板凳多坐几个人，不使用时，可以直接塞在餐桌下方，很好用。

☑基本款 □流行款

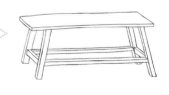

折叠椅

　　大部分都能折成板状，所以方便收纳，折叠椅通常椅面较小，选购时可以找找看有没有椅面比较大的款式。

☑基本款 □流行款

灯光是餐厅的灵魂
Light is the soul
餐厅灯具 of the dining room

四周可加装嵌灯增加照明。

餐厅主灯源通常用吊灯。
安在餐桌中央正上方。
灯光的色温最好是温暖黄光。

离桌面大约75厘米
高是最佳比例。

蜡烛可提供必要
的浪漫气氛。

郭璇如室内设计

吊灯最适合餐厅
暖和的黄光能让食物看起来更诱人

　　餐桌椅组出餐厅风格的雏形，而餐厅的照明设备则营造出整个空间的光彩；餐桌照明讲求的是气氛，好的灯具就是要营造好气氛。一般来说，餐厅的灯具布置大多采用吊灯，因为光源由上从下打、集中在餐桌上，会让用餐者将焦点放在桌上的食物，但灯光最好使用黄光，这样才会让食物看起来更诱人。

　　餐厅灯具的样式可以有很多种，从奢华的水晶吊灯到简约的铝制灯具都有，甚至是古典风格的蜡烛台。

　　若是你想将餐厅营造出华丽的氛围，不妨先挑一对精致的壁灯或灿烂夺目的天花板灯具，再搭配蜡烛来增添光彩。若是要简单一点的餐厅照明，则可选用现代感较重的落地灯，或隐藏式的嵌灯，甚至是轨道灯。

灯具的悬挂位置

注意空间比例，吊灯高度不低于160厘米

在选择餐厅吊灯时，要注意灯体距离地板的高度，最好是160厘米，这样的空间比例是最好的，然后再视家庭成员身高微调高度。安装吊灯时，吊灯一定要对准餐桌的中心位置；如果是安装壁灯，餐桌摆放的位置就不会受到任何限制；而选用落地灯时，摆放位置就要随着照明度和实际用途做调整。

*
餐厅灯具
一定要和桌椅组
做搭配

林志隆设计师的建议：灯具和餐桌要考虑一些协调性，风格不要跳太远，用了仿旧木桌来呈现工业风，就不要选华丽水晶灯来搭配。

*
用壁灯来增
强空间风情

郭璇如设计师的建议：餐厅除了吊灯外，通常还会在墙面装设壁灯。壁灯的好处是不点亮时，灯罩的色彩与造型就很具装饰性；当它点亮时，则能打亮墙面，能放大空间，增加气氛。

郭璇如室内设计

怀特室内设计

朱英凯设计师的建议："餐桌大小"没有一定的标准，应该以用餐区的面积、是否足以满足家庭成员的需求、居家空间的大小、家庭人口及使用者的用餐习惯等条件为主。

吊灯距离地板约160厘米，是最好的空间比例；而且餐厅照明也可比照客厅玩多重光源的游戏。

Boris Design Studio

餐灯常见的款式

壁灯

固定在墙上的灯具不只能提供亮度，也不会太引人注目。它们最适合用在没有任何窗户的墙面上，而且两个一组最为好看。另外，有搭配镜面的壁灯还能增强灯光的照明效果。

☑基本款　□流行款

水晶灯

建议选一盏灿烂夺目的水晶款，要不就挑个新潮的时尚款式，这两种保证都能营造出绝佳气氛。要是能再搭配上透明灯泡的话，光线的折射度会更棒。水晶吊灯的底部则要离桌面大约75厘米高。

☑基本款　□流行款

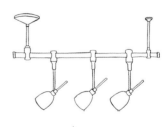

轨道灯

通常是用来凸显空间中的重点，例如墙上的画作、展示的收藏品等，透过轨道灯的接头与轨道，有让光源集中的聚光效果。

□基本款　☑流行款

蜡烛

　　烛光既简单又优雅。如果要更亮、更美的照明，只要摆出十几个或更多欧式蜡烛或烛台，就能为微暗的壁灯或水晶灯增添亮度。

□基本款　☑流行款

造型吊灯

　　吊灯是餐厅最常见的灯具，因此餐厅吊灯设计款就很多元。有些是现代的流行造型，有些是复古的古典款；选择造型时，可依餐厅风格为标准，若是古典风及乡村风，就可选择华丽水晶灯或仿古的蜡烛台吊灯。

☑基本款　□流行款

长排式吊灯

　　一般的吊灯都是单一垂吊式的，坊间也有多灯体排列式的长排式吊灯。此类型吊灯多是现代风，灯体、灯罩多变化，适合各种类型的空间。

□基本款　☑流行款

长排式造型灯

　　长排式的设计款，同为长排垂吊款，但刻意设计成缠绕的形式，很有趣味。

□基本款　☑流行款

让用餐空间 Let dining room
餐具收纳柜
more comfortable
更舒适

有时将餐桌改装成
可以收纳的酒柜或
餐橱，是一种善用
空间的创意收纳。

餐厅收纳
餐橱器具收纳要考虑实用和空间，让收纳变成餐厅的布置

当我们提到"餐厅的橱柜"时，很多人往往联想到的就是"单纯用来收纳餐具的橱柜"，看起来毫无美感，而且好像除了"收纳餐具"外再没其他功能。其实橱柜只要经过巧妙的设计妆点，一样可以成为居家空间里令人惊艳的配角。

例如：常令妈妈们苦恼，不知该如何摆放的电饭锅、烤箱、果汁机、食谱等厨房用具，只要预留适当的高度，设计成"抽板"的样式，就可以与橱柜完美结合，还能节省空间；或者如果你是有收藏习惯的人，不论是公仔、艺品、美酒等，经过适当的规划，都可以与橱柜融为一体。

壁柜、橱柜
以空间的大小决定是高柜还是矮柜

在布置餐厅时，一定要在餐厅中或附近腾出空间来放收纳柜，因为你需要收纳餐盘、汤碗、水杯等餐具，或一年才用一次的节庆用品，而它们最好跟常用的厨具用品分开放置。

餐厅常因为餐桌椅占用太多面积，而挤掉应有的收纳空间。如果空间够大，找找收纳空间、体积不会太大的橱柜，来收纳各种餐具，同时让这件家具的造型来为空间加分。空间不够时，也可以挪一面墙来做收纳墙柜，这样就不必担心太过显眼。

看不见的收纳
桌下的空间也是种收纳

先决定好你要放什么进去，像是：瓷器餐具、刀叉、摆设配件等。然后，再挑符合需求的橱柜样式。挑选时，把橱柜的规格记下来，包括：有几层架子、高度和深度，别让你选择的柜子占掉太大的空间。此外，在餐桌上铺一块大桌巾，让桌巾垂到地面，便可以利用桌下的空间收纳，也是个节省空间的好方法。

拥有玻璃柜门的橱柜可算是一种半开放式的餐具展示场。

Ross Urwin

*
餐柜最安全的选择是配合空间风格

郭璇如设计师的建议：选配餐柜时，一定要考虑这件家具跟整个空间的搭配性。无论在用色、材质或造型上，都应吻合这个餐厅的空间风格。

郭璇如室内设计

简约的高脚四柱收纳柜的功能不单是收纳，还能当作花草小盆栽、艺术摆饰的展示台。

hoo

8~16厘米是大挂画与柜体的最佳距离。

A Square Ltd.

Dining Storage

餐橱柜常见的款式

边柜

　　通常矮而长，又称为餐具柜。柜内的层板外皆有门板包覆，桌面宽敞可供放置花瓶、蜡烛，等等，也能直接摆上餐点备餐。

□基本款　☑流行款

碗柜或橱柜

　　这种收纳柜在外观上会有门片或玻璃门片包覆住整座柜子，主要在于强调它直立式的主体，而且在收纳的同时还能阻挡灰尘。你可以将刀叉餐具或银器放在铺了毛毡布或擦银布的抽屉里，这两种布都是按长度售出的，可依照抽屉大小自行裁剪。

☑基本款　□流行款

书柜或置物架

　　如果想要取代传统的收纳柜的话，可以试试浅柜或书柜，普通价位的柜子深度大约是30～40厘米。放在架上的箱子可以装些小东西，至于成叠的盘子、漂亮的摆设配件和书本就能够直接放在外面。

☑基本款　□流行款

古典餐柜

传统的西式经典餐柜，在古典风、乡村风的空间中相当常见；最大的特色是古典风的木制雕饰和玻璃柜门，可以当作展示柜，向访客展示屋主精心收藏的餐具，以及其他收藏品，所以不一定非摆于餐厅中。

☑基本款　☐流行款

玻璃餐柜

是古典餐柜的现代款，保留了古典餐柜的玻璃柜门，但柜体则是现代简约线条，适合现代风、工业风的餐厅布置。

☐基本款　☑流行款

中药式收纳柜

是欧洲设计师自传统中医药柜得来灵感的设计款，其特点就在于可多格收纳，很适合收纳小型、多样的餐具及厨房小物。此外，也不一定要每格抽屉都摆满器物，有时故意拉出几格，摆入小盆栽、收藏品，也是一种餐厅布置的巧思。

☐基本款　☑流行款

透明玻璃柜

特色是柜体几乎都是玻璃制成，能完整呈现柜架上摆放的对象。此款收纳柜为现代风的流行设计柜。

☐基本款　☑流行款

餐厅布置的最后一片拼图
Arrange of the dining room
餐厅的装饰品

在餐柜或平台上摆放小饰品要注意，别放得太整齐，会过于呆板；不妨试着用谷状排列或山状排列，让摆饰活泼。

挂画
与家具、摆饰间的黄金距离是8～16厘米

图画能统合空间，还能在空旷处增添趣味和戏剧效果。

挂画主题或用色要和空间相呼应

用餐宾客的活动范围是被限制的，所以不妨在餐桌周围挂一幅你喜欢的作品，一来不仅能提供话题，二来也能增添用餐气氛。把十几张小照片弄成一个大主题，找一幅占满整面墙的画来吸引宾客的目光也可以，或是在空荡荡的餐桌上添些吸引人的摆饰。

挂画有很多诀窍。首先，画作的用色应与墙色有关。此外，画作里的主题、风格、生活形态，也应呼应整个空间，尤其是离挂画最近的那件家具。

用随性的排列法打破制式格局

让空间来告诉你它适合怎样的排列。如果家具摆得很方正，可以利用特别的排列组合，中和严肃的感觉；要是你的家具已经大胆使用各种颜色和形状，不妨试试规律的格状排列。

一般人最常犯的错误是：画挂得太高、间隔太大。只要挂画的位置得当，就能引导人们的目光上下移动，甚至环绕整个空间。挂画要注意人坐着时的视野范围，做适当的调整，如果挂的是单一大画时，画框与家具的最佳距离约8～16厘米。

Pplus Designers Ltd.

郭璇如室内设计

*
餐厅壁饰不局限于图画

林志隆设计师的建议：壁饰不局限于一定要是什么样的装饰才适合，像常用的挂画、全家合照，乃至于鹿角装饰，都能快速为单调的墙增添趣味变化。

*
在墙上挂饰品时，请注意异中求同

郭璇如设计师的建议：若要在同一道墙上挂上多件单品，最好能掌握住"异中求同"的准则，以免不同单品互相较劲而让空间失去焦点。

Tips 布置小诀窍

挂画的排列方式

· **自由排列**：想在同一墙面集中展示不同主题的图片，可以先把要挂的图画放在地上试排，调整到最好的组合后，再把排列组合移到墙上。此外，最大的画先挂到墙的中间，再在周围挂较小的图，注意每幅的颜色都要平衡。

· **方格排列**：是一种在空间中看起来很突出的图像排列方法，依作品的大小排成方形。记住要先决定好每幅画的间距，再依序照片订好的距离排列。

· **层次排列**：一种很随兴的排列法，而且方便替换。在墙面固定一个或多个层架，放上裱框图片并且稍微前后重叠，呈现出不拘的风格；也可以利用类似的技巧排列在边柜或壁炉上。

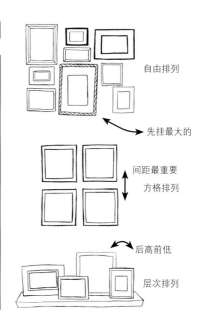

自由排列

先挂最大的

间距最重要
方格排列

后高前低

层次排列

将小而有趣的挂画集中排列出几何状，是常见的墙画排列方式，但要注意与距离最近的家具的关联性，例如主题或颜色需要相近或对比。同时需要注意拿捏好此几何状同整面墙的比例关系，以免过于孤立或过于臃肿。

郭璇如室内设计

在靠墙的矮餐柜上，摆上些许装饰品和小立照，配上墙面挂的几幅老相片，就成了一个非常棒的餐厅布置。

Laura Ashley

小摆饰

不能过高、自然耐看，不占空间

　　偶尔在餐桌上摆上几项餐厅专用的摆饰，有些有保存期限，例如：水果和鲜花，其他则摆上整季都没问题的物品，自然又耐看，也不会占太多桌面，会让空间更生动活泼。但请小心：桌花不宜过高，免得倾倒或遮住视线，建议较矮的盆花会比瓶花更合适。以下还有几项常用的餐桌装款：

1. 水果碗，里面只放一种水果，像是只放橘子或只放苹果，等等。

2. 放上奇数数量的相似颜色的花瓶，但形状风格可各异其趣。

3. 插满同一种花的花瓶，但数量至少要比你原先预设的多三倍以上。

4. 插满绿叶的盆器，从当地超市买来或从自家院子采来的都行。

用餐桌摆饰来表现季节

郭璇如设计师的建议： 我们可借由花卉、烛台、造型碗盘的色彩来呼应季节或宴会主题。比如，同一盆花里面有多种花色，缤纷色彩能让人感觉很丰富；或是在寒冬时，选择暖色调的餐垫、餐盘来营造温馨氛围。

郭璇如室内设计

挂画在餐厅里的选择很多样，可视整个空间风格挑图，若无把握，就以自然景物为主题；抽象画、现代画不好驾驭，尽量别挂在餐厅中。

Roomservice Limited

不一定要用水果碗来摆放做布置，只要在餐桌上放几颗和空间色调相搭的水果，也能为餐厅增色。

Grande Development Limited

餐桌上不一定就要放与饮食相关的元素布置，有时放小盆栽、小布偶也是不错的选择。

怀特室内设计

当你家的餐厅是用中岛做餐桌时，将锅碗瓢盆挂起来，就是一种用开放收纳当成餐厅布置的玩法。

PplusP Designers Ltd.

橙橙设计

风格布置
餐厅
笔记

• 顾问／橙橙设计

古典风

古典餐桌源自于欧洲宫廷，一般多见长桌，以繁复雕刻的手法加以装饰。

餐桌的布置

古典长形餐桌材质普遍为实木制作，桌面大多使用不同木质拼贴，呈现出各式风雅造型。

尖塔纹或绞缠纹常用于桌脚雕花，与地面衔接处加入兽足元素（豹爪、虎爪或鹰爪等），可凸显出主人家的霸气及地位独特性，考究者亦可加入金箔等元素增添餐桌之华丽感。

其次为大理石材桌面，面材的制作方式多以各式石材，加以水刀制成不同古典艺术图腾，效果不亚于一般木质雕刻，但造价昂贵，多以意大利进口为主，因而较少采用。

餐椅的布置

餐椅与餐桌的搭配是相辅相成的，搭配方式以餐桌及餐椅同系列作为搭配的首选，亦可采用同系列不同款式的搭配，以达到古典设计中所欠缺的活泼多元设计感，唯椅背的高度是值得深入了解的，一般以高背为主流，在舒适之外，较符合气派贵族风雅，若碍于空间与屋高的限制，中高度椅背也不失古典秀丽的端庄感。

常见的餐椅是木质背板搭配布质椅垫，然而希望增加舒适性与精致感的人，椅背可以采用木框中包布方式，柔软中更添典雅风情。

郭璇如室内设计

乡村风

在台湾，采用混搭手法的乡村风餐厅较为实用。

餐厅布置

乡村风居家的餐桌不以造型为取决标准，而是优先考虑功能。不过，桌子请务必选用天然的木头、黑铁等素材，以吻合乡村风追求质朴、自然、温馨的基调。所以，桌子带有塑料等人造材质，或是玻璃、大理石等冷调性材质者，都不适合出现在乡村风的空间范围之内。

为乡村风挑选合适的单椅

经典的乡村风单椅有很多款式，有的粗犷、有的轻巧，无论外形带给人的感受如何，它们都有共通点：椅身为全实木制成。几乎所有的实木单椅都很适合乡村风，材质可为松木、胡桃木或樱桃木，不同种类的木头可展现不同质感。因为，实木材质非常吻合乡村风追求的自然与朴质。

乡村风餐厅的照明

乡村风餐厅的照明主角就是餐灯。为求能打亮菜色，使之看起来秀色可餐，因而使用吊灯。通常，一盏吊灯的投影面积宜占约整张桌面的1/3，这样才能照亮整桌餐点。如果桌面较大，只用一盏吊灯不够时，那么挂个两、三盏也无妨。适用乡村风餐厅的吊灯，造型可为简约的工业风，也可以是很有中古世纪城堡风的枝状烛台，或是华贵的新古典风水晶灯。

别忘了乡村风空间喜欢展示布置的特性。餐柜若有一半为隐藏式收纳柜体或抽屉，另一半则为开放式层板，就可以秀出美丽的杯盘，让餐柜能成为餐厨空间的一个亮点。

风格布置

餐厅

笔记

● 顾问／林志隆设计师

工业风

长桌较适合工业风，如果空间不够大，可用折板桌。

休特室内设计

餐厅布置

餐厅应该是一个家凝聚力最高的地方，因为只有在这个空间，全家人才有机会聚在一起。不如就顺势利用设计手法，使不同功能在这个空间中完美实现，同时利用餐桌和餐椅的混搭，使餐厅风格不至于过于单一；每一个家具都尽量不要重复，甚至不同材质、不同颜色、椅背高低都不要统一，让你的餐厅不感觉只是制式化的餐厅。

工业风的餐桌、椅布置

工业风从不将耐脏摆在重点考虑，因此建议餐桌用实木，表面也不要上漆，实木越旧越有味道。

从材质来看，喜欢工业风或是想要混搭风，实木、水泥餐桌是百搭款，甚至在旧木板、回收门片上压上一层玻璃，也会是很有个性的餐桌，有更浓厚的混搭工业风感觉。工业风千万别铺桌巾，就算要混搭也不建议，因为桌巾一铺上去就会马上偏离工业风很远，失败率非常高。保留实木或水泥餐桌的粗犷本色是最好的。

若以餐椅来说，木制、皮面、布面、铁件，等等的餐椅，都能和工业风搭配，最好每张椅子都采用不同材质，展现家庭成员的不同个性。例如，通常女主人较喜欢布面的温暖感，男主人偏好有个性风的皮革面，或是有人喜欢原木那种直接的触感，不同成员能各自选择有个性的椅子，不必迁就统一样式而放弃喜好。

餐厅的照明和灯具

灯具和餐桌要考虑一些协调性，风格不要跳太远，例如用了仿旧木桌来呈现工业风，就不要选华丽水晶灯来搭配。可以选择灯泡外露的吊灯，而距离地板的高度大概抓160厘米，空间比例最好，再视屋主家庭成员身高微调高度。工业风常用吊灯配钨丝灯泡，能呈现强烈风格，如果不习惯钨丝灯较暗的亮度，可以在餐桌周围用轨道灯加强照明。至于壁灯、水晶灯、烛光都不太适合。

餐厅的收纳和摆饰

工业风的餐厅收纳不需太费心，用橱柜收纳餐具就很方便，而橱柜可以选择木头或铁件定制，或是老件、古董类的也很适合。甚至可以拿旧家具或普通事务柜喷漆，再用砂纸磨，表面呈现仿旧的效果，就可以与整体空间搭配。

就小摆饰来说，在混搭工业风格中，并没有像其他风格一样有很多原则必须遵守。一切就是看感觉，如果觉得哪面墙看起来好像少了点什么，那就挂画、挂相片。挂画不必占满整个墙面，适度互相间隔、留白更有空间感。偏工业风的餐厅中，我自己很喜欢挂古地图的画，很有历史感。不太建议挂高反光的对象，会显得太现代感而很突兀，例如镜子。

风格布置

餐厅

笔记

● 顾问／朱英凯设计师

现代风

餐厅装修最好采用容易清洁的材料，造型简洁，过于烦琐会使人产生压抑感。

朱英凯室内设计

餐厅布置

现代风格的餐厅布置，当以"简约"为宜。如果不想让空间看起来一成不变的话，可以用各式的软装增加空间情趣，例如：餐具的搭配、盆栽或插花、水果盘、灯光的营造、吊灯的形式、墙壁的挂画，甚至连餐垫都是可以发挥布置创意的细节。

挑选最合适的餐桌

餐桌大小应以使用者的用餐习惯等条件为主。例如一家五口的住宅，只要坪数宽敞，当然可以规划独立的用餐空间；反之，如果是一人独居的十坪小套房，屋主可能习惯于在外就餐或买回来吃，就可以用吧台的形式充当餐桌。

在餐桌材质的选择上，除了考虑不易藏污、易于清理外，更应搭配室内风格、格局大小、地板材质、天花板的高度、色度调和、与厨房的对应关系等。目前市面常见的餐桌材质，大多符合消费者的使用需求，例如大理石、玻璃等，并没有哪一种材质特别好的问题。不过，选购时必须注意，餐桌的款式、颜色、厚实或轻巧等，须和整体空间融合，以达到一致的协调美感。

挑选餐椅要留意用材和牢固性

不论在家中的哪一个角落，让人感觉"舒适"才是最重要的设计关键。餐椅是给"人"使用的，设计上必须符合人体工学原理，所以选购时一定要试坐，并以感觉舒适、双手可以自然摆放在桌面上为佳，而且别忘了，餐椅的高度还要与餐桌的高度配合。

另外，餐桌椅的牢固性非常重要，特别是餐椅，因为使用很频繁，选购时要特别注意椅子的用材和拼接方式。餐椅形式只要能与居家风格达成一致的协调美感、坐起来舒适即可。

餐厅照明

家中的餐厅照明，除了注重功能性外，也要加强艺术性。如果一味追求单一层次的照明，会让空间显得空洞，因此餐厅照明不只要有足够的亮度，能让我们清楚地看到食物，色调也要柔和、宁静，并与周围的环境、家具、餐具匹配，构成一种视觉上的整体美感。

照明配置前，必须先思考该区域最重要的功能是什么。餐厅灯光除了要让空间够亮，最好还能营造轻松温馨的气氛，增加食欲，此时就要靠间接光源经营用餐的氛围，这也是为什么大家都喜欢采用吊灯的原因，但建议选购吊灯时，以形式简单、易清洁为主。

CHAPTER 05

卧室

卧室是**放松休憩**的**私人空间，**
　　　着重**温暖、舒适的设计**
布置一个
　　　　属于自己的**亲密空间**

橙橙设计

所有的布置
Everything for comfortable
卧室布置的要件 以舒适为原则

卧室墙色可以较浅，具有舒压、沉静的效果。

布置重点放在床单、枕头、抱枕的搭配。

Fancy Design

*
卧室是最可以
展现个人美学的空间

橙橙设计的建议：卧室是着重于温暖温度的艺术美学，在古典风格中是最易发挥，且最多理想可以完美施展的空间。

*
卧室要尽量
营造放松感

林志隆设计师的建议：卧室布置的重要性不该在最后一位；只是它的功能主要是睡眠，布置尽量简单，才能使人放松。

灯光要柔和、不刺眼，有助睡眠品质。

布置尽量简单
私人空间的布置是让自己放松

许多人，特别是为人父母，都把自己摆在待办清单的最后；而且国人通常会将装修、布置的预算优先花在客厅。

因为客厅是整个居家空间里，使用率最高的地方，客人来访也多半在客厅进行招待；而卧室属于私人空间，门一关，外人也看不到了。所以在布置房子时，卧室布置的重要性通常都放在最后；卧室只是个单纯拿来睡觉的空间，也就尽量简单了。

寝具比家具更重要
预算重点应放在寝具上

但是房子的布置就要让居住者觉得舒服，因此卧室布置的重要性，并不亚于其他空间。必须强调的是，卧室是自己享用的私人空间，大家应该对自己好一点；而且布置卧室通常不必花很多预算，只要买套漂亮寝具之类的，就能拥有很美的空间了。

床位影响 **卧床**
Beds affect sense of space
整体空间感

对于卧室布置来说，好的
家具与寝具很值得投资。
日常使用愉快，视觉上还
能提供令人愉悦的画面。

计算床的尺寸

实际将床的尺寸直接贴在卧室的地板上

在卧室里，床已经占了80%的空间布置，所以重新布置卧室的起点，就是找一款自己喜欢的床，选一组能让你踏进门就感觉放松的床吧。

先从选择床的尺寸下手。除非你的卧室极大，否则别选择加大双人床，想知道你所选的床占了卧室多少面积，可以直接用胶带将床的尺寸贴在地板上，然后在各边再加30厘米宽，这样的大小可以让你绕着床走动。

床的面积不宜大于空间面积的1/3，也不能挡住门或窗户。至于高度就以肉眼来判断，如果空间的天花板较低，就不要买太厚重或太高的床组。

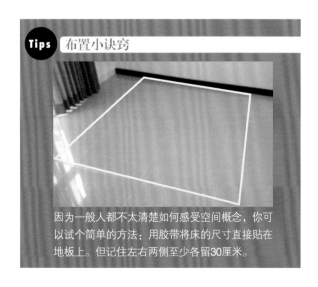

Tips 布置小诀窍

因为一般人都不太清楚如何感受空间概念，你可以试个简单的方法：用胶带将床的尺寸直接贴在地板上。但记住左右两侧至少各留30厘米。

床位的摆法

留出60～90厘米的下床走动空间

挑选床时，切记床垫越大，床框就要越简洁。至于中间高起两侧较低的床头板（常见于古典风，乡村风的形式），可以将视觉焦点拉向中央，缩小床的整体感觉；而白色床框则是比桃花心木床框感觉更加轻盈。

以床尾来说，若对墙设有衣柜，床尾与柜门应留出宽90厘米以上的走道，这个宽度包括房门打开与人站立时会占掉的空间。此外床头两侧至少要有一边离侧墙有60厘米的宽度，主要是为了便于从侧边上下床；床头旁边留出50厘米的宽度，还可摆放床头边桌，可顺手摆放眼镜、手机等小物。

*
卧室格局
可用布置改变

林志隆设计师的建议：通常是把更衣室功能结合在卧室中，如果比较大，可以运用整片的收纳柜或衣柜隔出走道式的更衣室。

*
床架要和墙
饰相呼应

橙橙设计的建议：床与卧室的墙在风格上是密不可分的，斟酌使用与卧室墙面同样风格的床，能营造氛围，更增添卧室浪漫温馨的气息。

动线1

怀特室内设计

橙橙设计

床头两侧，至
少要有一边离
墙60厘米宽

床头若想摆上
边桌，要留出
50厘米宽

床的面积不能大
过卧室的1/3

*

关键是好的
家具和寝具

郭璇如设计师的建议： 对于卧室布
置，好的家具与寝具很值得投资。不
仅日常使用很愉快，视觉上还能提
供令人愉悦的画面；千万别为了
想省钱或应急而匆匆买入
次级品。

郭璇娴室内设计

床位摆放技巧

避免一睁开眼就看见杂乱

通常床位会避开对着厕所、房门口的位置；床头也不会设在横梁下方或窗口前。

若就空间及心理学的观点来看，床铺周遭最好能与墙面保持适当距离，动线才会流畅；还有一睁眼就瞧见上方有根大梁压着，心情也会不舒服；而且早晨起床就面对着窗外的杂乱街景，甚至是浴室或厕所，的确也不是一日之始的好选择。

怀特室内设计

*
床正对房门
容易受打扰

林志隆设计师的建议：我在意的是开门视线，不要一开门即正对床，一方面睡眠者没有安全感，另一方面，家人若进房间容易直接打扰睡眠。

*
用床头板
避开"梁压床"

郭璇如设计师的建议：若需要避开"梁压床"的禁忌，我们也可借由床头板来拉开床铺与墙面的距离。

郭璇如室内设计

若是窗外的风景怡人，可以将床尾对向窗户，让自己起床一睁眼就能看见令人心情好的景色；若窗外风景杂乱，就试试用花色清爽、形式简单的窗帘来遮蔽。

当卧室的空间较小时，床位的摆法就别太在意风水，最好着眼于放大空间感。例如图中将卧室和浴室连为开放空间，反而带出屋主不羁的风格。

床架的学问

用无床头板的床架让视觉变大

　　欧美的住家多爱用活动家具来布置卧室，且床位可能随时改变。相比之下，台湾的卧室空间多半不大，人们习惯将床位固定，且在床头的墙面钉制床头板。有些屋主是习惯有床头板，但就作用而言，床头板主要是背靠支撑用，其实也可以不用床头板。不过，床头板可让床铺成为整间卧室的视觉焦点、彰显睡眠区的范围。床头板还可兼有安全性，例如：绷布的床头板内有填充物，可避免头部不小心撞到墙而受伤。此外，许多女性喜爱的四柱床架也可以明显界定睡眠场域，而且修长的四柱能让视觉向上延伸、放大。只是在小坪数的空间，最好选择轻巧的改良型四柱床，而不是稍显笨重的传统深色木质款。

*
小坪数的房间要选简洁的床架

郭璇如设计师的建议：对于坪数较小的卧室来说，带有柱子的床看起来很占空间，可选用较简单的床架，若喜欢四柱床架，可选择改良式的四柱床。

郭璇如室内设计

传统床架通常都有笨重感，可以选择时尚设计款，稍微有悬空感的床架，简洁有型，让空间多点线条变化。

UdA Architects

*
床头板需能
支撑脊椎

朱英凯设计师的建议：床头板除了可以增添个人风格外，床头板的柔软支撑，可以使我们的身体放松舒适，因此材质应以舒适为宜。

*
不用床头板
更有变化

林志隆设计师的建议：其实枕头叠两个，也可以不用床头板，或可以变化成没有床架，只在床头摆放床垫，也能制造床的完整印象。

怀特室内设计

Bed Sets

床型常见的款式

天篷床

这种适合天花板较高的卧室，在上方边框处会垂挂饰帘。这种浪漫的床型原本是让使用者睡眠时更温暖，但之后演变成可以不加垂帘的款式，让床框的线条和结构表现新时尚的美感。

☑基本款　□流行款

平台床

这是没有床头板、床柱、装饰、床台较低的床型。这种床的缺点是给人笨重感，如果你的卧室较小，最好是选择床头与床垫高度切齐的床台。

☑基本款　□流行款

四柱床

这种古典床能为整个房间带来典雅的氛围。床柱的材质包括：雕花木、简洁金属线条，等等。建议床不要超过空间高度的 2/3。对于面积较小的卧室来说，选用四柱床的柱体要细，反而可以使房间变大。

☑基本款　□流行款

床头板床

这是最传统的床型，而床头板也有多种材质可供挑选，例如：木材、板材绷布，等等。床头板的面积至少要超过 120 × 150 厘米，这样才能撑住一般人靠躺的重量。

☑基本款 □流行款

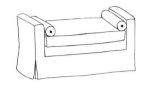

脚轮床

这种床通常都是靠墙摆放，基本尺寸皆为两张单人床的大小，有些床型会隐藏拉出式床台或储物箱。这种床型很适合小孩房或客房。

□基本款 ☑流行款

雪橇床

这种床起源于法国，特点是床头板和床尾板都是向外卷曲的流畅曲线，很像雪橇，因此得名。是古典、乡村风的卧室爱用的经典款，摆在任何一间卧室都能呈现美丽优雅的风格。

☑基本款 □流行款

现代造型床

这种床通常是各品牌的设计款，一般多为现代简约风格或工业风，外型前卫。有些款式为适应小坪数的空间，特别设计为无床头板的样式。

□基本款 ☑流行款

双垫式

双垫式床型在国内比较少见，国外相当流行；其由上下两部床垫构成，材质有弹簧、乳胶、记忆胶，等等。双垫式的床型躺起来较单床垫型更柔软、舒适，适合不易入眠体质的人选用。

☑基本款 □流行款

影响睡眠质量
The key point of sleep quality
床垫&寝具组最重要的要素

用床头板
避开横梁

曲线绷布床头板
可让背脊放松

Debbie Deco Ltd.

腰窗可用落地
帘放大

床垫和寝具是卧室布置
中最重要的关键，一组
好的寝具不只是让卧室
更美丽，也会影响睡眠
质量和身体健康。

床垫
好坏、软硬关乎人体和脊椎的健康

睡眠质量好不好关乎着个人的健康，因此床睡得舒适与否很重要。买床垫没有人能帮你，床垫的选择非常主观，只有自己知道什么最适合。

亲自躺躺，感受床垫软硬舒适度

千万别相信任何广告或床垫的名牌口碑，必须用平常的睡姿亲自躺下至少十分钟，去感觉床垫带给你的真实感受。床垫应该要能支撑全身各处，保护脊椎维持健康的形态，避免脊椎压迫或侧弯。

床垫也要定期翻动，才能保持最佳状态

在购入床垫后前三个月的时间里，至少每个月要将床垫翻面一次，可以让床垫保持最佳状态；之后每三个月翻一次，避免受到湿气和脏污的损坏。至于何时该换床垫，以下提供几个标准：

. 起床时背部感到酸痛。
. 觉得别人的床比较舒服。
. 你经常躺的位置出现凹痕。
. 感觉得到床垫的弹簧。
. 已经十年以上没换过床垫。

45厘米高

郭璇如室内设计

Viz Interior Design Ltd.

有时限于卧室的空间设计，直接在空间的阶台上，摆一张弹簧床垫，便可以成为单人床铺了。

＊
床架＋床垫
的高度约45厘米

林志隆设计师的建议： 看床垫多厚，再决定床架高度，因为人会坐在床沿，太高太低都不舒服，床架和床垫加起来不要超过一般椅子高度，大约45厘米即可。

Tips 布置小诀窍

常见的床垫款式选择：

弹簧床垫： 是最常见的床垫，耐久性取决于弹簧圈数。弹簧圈数越多床垫就越硬实，越少就越有弹力。

泡棉床垫： 是由天然加合成纤维组合而成的床垫。如果材料是能配合身体曲线改变形状的记忆泡棉，或慢性弹回泡棉的话，价格就更昂贵。

双床垫： 原本就是要一上一下叠着放的，下床垫能延长上床垫的使用年限。不过，下床垫和上床垫一样都有使用年限，要是你直接躺在上面能感觉到凹凸不平或身体会倒向中央就得换新了。

"陪伴床"型式常用于儿童房中，自床底可再拉出一张床，让父母或其他陪伴者，可在夜晚陪怕黑的幼儿入睡。

Noon Interior Design Ltd.

虽不流行双床垫的□□，但在床垫下叠放一层下床垫，以人体工□而言，对脊椎放松十□有利，若不觉清洁麻可以尝试。

床尾与墙或柜门保持90厘米以上的走道宽。

Matteo Nunziati

从空间中去找家具的花色和风格，是布置最重要的原则之一，也是最简单的手法。图中是与空间同一风格、但跳色的范例。

Tade Design Group Ltd.

寝具组
质感好、品质佳的寝具胜过百万装潢

寝具组是卧室布置中的重要部分之一；单调的卧室可以利用窗帘、枕套或寝具组来替整个空间注入色彩或增添图案。普遍来说，国人多半不重视被单、被套、枕套等寝具的美感。其实，像这种不过数千元的布品，最能发挥小兵立大功的效果！即使是进口名牌寝具，一套破万的开销仍要比添购家具、做装潢来得平实许多。所以，不妨选用质感佳、花色美的寝具，每天身体触摸、晨昏看着，都能让心情倍感愉快。

从喜爱的饭店、卧室主墙，寻找寝具花色

那该如何挑选寝具的花色呢？可以试试简化选择：从自己喜欢的饭店找灵感，参考它的寝具组花色；也许你对素色的搭配比较有把握，所以选择单色的款式，但是若卧室中有花色的单品，这样的搭配就容易显得突兀。其实，不妨从卧室的用色、线条，来找出吻合其调性的寝具。尤其是主墙的花色，更是挑选寝具的关键。当然，您也可刻意找出对比色，借由冲突的元素来营造空间个性。

寝具组也可玩混搭，
表现个人的独特美感

市面上的寝具组通常都是一套组好，方便消费者选择，但寝具不一定要成套，多层次混合的搭配，才是考验个人生活品味的关键；既然在前几章都在告诉你混搭的优点和技巧，建议你不妨也将这样的手法运用在寝具上。

床包

Noon Interior Design Ltd.

Tips 布置小诀窍

市面上的寝具组通常包括以下几个对象：

床包：床单四角车上松紧带的款式，能够让你在铺床时更加整齐。若是有舒适垫的床垫需要高度加高的床包，所以购买时要挑选注明加高的款式，适用高度30～45厘米的床垫。

床裙：又称"床垫裙罩"。床裙是从床垫往下一路垂到接近地板盖过床架的打折布料，非常适合用来掩盖床底的收纳。

被单：是一块长方形的布，有时在四个角会有些刺绣或扇形的装饰。

被套：用来包裹住蓬松的羽绒被，你可以把这种容易显得凌乱的被套折成三折，放在床尾。

枕头套：是用来包住你睡觉用的枕头，朴素又简单。

枕头套

床单

床裙

Noon Interior Design Ltd.

这个卧室就是典型寝具混搭，因为屋主极具童心，收集了不少布偶，故在靠枕上走可爱插画风，但枕套用简约风，而被套、被单则走英伦风。

UdA Architects

深素色床单是百搭款

林志隆设计师的建议：若没有特别喜爱的风格或花色时，建议尽量选择素色、暗色系、简单不要太花哨的床单，百搭而看不腻。

怀特室内设计

混搭寝具时，要注意花色主轴

郭璇如设计师的建议：贴了花草壁纸的卧室，寝具就选用甜美复古的粉白、紫丁香花相间的构图。所以被套是花色相近的格子纹、床单是浅粉红的花朵，但枕套则故意跳脱被套的花色，用黄绿色的细格子，让整个空间呈现自由搭配感。

郭璇如室内设计

让光源分散 Let light dispersion,
空间变得更暖和 space becomes warmer

卧室的灯光布置

轨道灯饰主照明

在布置卧室光源时，吊灯容易造成空间使用者的不适，不如在天花板四边夹层设嵌灯，再以台灯、壁灯、落地灯搭配使用，制造空间立体感，更有变化。

造型立灯主要作用在装饰

台灯为夜读用

PplusP Designers Ltd.

以自己的喜好选光源最舒服

林志隆设计师的建议： 如果需要夜读，床头灯就是必需的，其他的照明再以自己喜好的样式来选择用桌灯、立灯或壁灯。

*
卧室的灯泡可选用暖黄光色

郭璇如设计师的建议： 由于床头台灯多半当做睡前阅读的照明来源，兼有夜灯的功能。因此，灯泡选用暖黄的光色，可以打造出柔和的照度。

变化卧室照明

舍弃吊灯照明，用多处光源制造气氛

在台湾，卧室的照明常常都是在房间天花板正中间，装盏吸顶灯当主灯，再在床头两侧摆上床头灯当辅助照明，一切就搞定。但是灯具、灯光也是成功营造卧室气氛的关键之一；卧室的照明其实可以玩出许多风格、花样的，只要你清楚自己对卧室的期待与定位。

首先，在卧室中找出需要照明的地方，再选择所需的环境和作业照明；因为我们在衣柜前找衣服和窝在床上看书时，所需要的照明绝对不同，所以一定要找出卧室何处需要照明、使用哪种光源最合适。

放对位置的灯具会比天花板照明更适合卧室。空间较小、家具体积大时，天花板照明通常会在空间中产生许多阴影，会有阴沉感；而卧室是个放松休息，讲求气氛的场所，所以可以尝试多选择几处安装灯具，让光源分散、变得更暖和。

*
床头灯用不对称布置

朱英凯设计师的建议： 床头灯应该视床在空间中的尺度和比例为准，所以不一定要对称。用不同尺寸的灯饰调整空间比例，一样能营造趣味性。

床头灯是夜读的伙伴

找一盏不会干扰睡眠的灯具

卧室灯具若只安装在你需要照明的地方：床边、梳妆台、衣柜和书桌等地方，那么卧室的氛围就会更加多变。撇开其他环境式的照明，以实用性来说，床头灯是必需的，因为大多数的人喜欢在睡前阅读；而床头灯的款式，就要看你自己的喜好，来选择用桌灯、落地灯或壁灯。

床边灯最重要的一点，就是让你不用下床就能开关灯。不过，要注意一点，若你是夜猫子，但枕边人却是早睡的晨型人，你就需要一盏灯罩不透明的床边灯，因为它的光只会照在你需要的地方，这样就不至于干扰到枕边人的睡眠。

*
床头灯的
灯罩选用半透明

郭璇如设计师的建议：卧室灯罩以半透光材质为佳，当光线透过灯罩时，散发而出的柔和光晕，可让灯具变成空间的亮点。

Tak Ho Interior Design Ltd.

若以吊灯为卧室的主要光源时，请注意别将吊灯装于床的正上方，而是装于床尾的上方，床头再以壁灯或台灯辅助照明。

壁灯是卧室床头夜读灯的常用款；挑选时除了从空间中找联结的大原则外，要注意床头灯的色温不能打扰睡眠，请尽量选用黄光，有灯罩的款式也是好选项。

FAK3

***
安装床头灯
可降低半夜起床
的意外**

朱英凯设计师的建议： 半夜起床若有床头灯的灯光辅助，比较能协助降低意外的发生。但是亮度与照明角度的斟酌，以不干扰睡眠为宜。

***
桌灯的便利
性比壁灯高**

林志隆设计师的建议： 以床头灯而言，桌灯机动性最高，想换样式时方便移动，若是死锁的壁灯就不容易变化样式。

Debbie Deco Li

Bedside Lighting

床头灯的款式

桌灯

　　不要把适合放在客厅的鼓形或瓮形灯拿来放在卧室里。卧室灯具的体积应该要小，因为它的功能是为你就寝前的活动提供照明。

☑基本款　□流行款

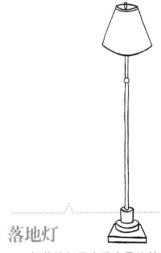

作业灯

　　夹式或壁式作业灯几乎不会占用窗边桌的空间。很多壁式灯具都有延伸臂，辅助你将光源移到你需要照明的地方。把这种灯安装在距离窗脚 20 ~ 25 厘米的距离，并且距离床垫表面 45 厘米高的位置。

☑基本款　□流行款

落地灯

　　把落地灯用在卧室是比较少见的选择。你可以挑选有 S 形弯臂的款式，这样可以将光源导引至窗边或书桌上。

☑基本款　□流行款

嵌灯

　　嵌灯过去是客厅的辅助灯源，近年来因大家普遍接受照明多元层次变化，嵌灯成为许多人爱用的主灯源。睡眠空间较需要间接的柔和光，因此也有越来越多的人将嵌灯用于卧室的灯源之一。

□基本款　☑流行款

工业风钨丝灯座

　　这是桌灯的设计款，主要是因为工业风格流行，这类复古工业风的家饰也大行其道。此类灯款很适合复古风、现代风，甚至古典风的空间，增加空间混搭趣味。

□基本款　☑流行款

彩绘玻璃桌灯

　　彩绘玻璃的灯饰是古典风、乡村风空间中，非常常见的家饰布置元素，如果想将卧室塑造成梦幻优雅的空间，可以采用此类型的灯饰。

□基本款　☑流行款

造型壁灯

　　壁灯是床头灯常用款，有风格造型的壁灯很适合安装于床头两侧；但在挑选时，要注意造型需和空间对象有所链接，灯光尽量用黄光、不要直射脸部，以免干扰睡眠。

□基本款　☑流行款

杂物和衣物的 Total finishing debris
床边桌柜&衣物柜 and clothing
收纳总整理

若你喜爱在床上
做些小杂事，你
就需要一个有抽
屉的小柜子，摆
在床边，但别忘
了用台灯或造型
灯去布置它。

Artwill Interior Design House

床边桌柜
家庭工作桌反应你的生活习惯

在现代社会，卧室的功能演化已经从睡觉的窝，变成图书馆、娱乐中心，等等，床边桌渐渐被一些杂物给淹没。想避免杂乱，就挑选一张桌面够大的床边桌，只让必需品上桌，例如：台灯、闹钟和水杯。至于遥控器、睡眠辅助道具（口罩、眼罩或耳塞）、首饰，等等，放在某个抽屉或容器里即可。

先确认桌面上会摆哪些东西，再选购适合的床边桌

床边桌会直接反映你的生活习惯，如果你是热爱阅读的人，不妨在床边摆个小书柜；如果你习惯在床上工作、看电视，建议你可以放个小盒子来收纳工作用具和遥控器。

床边桌要兼具美观与实用性。如果你的床是一张平台床，不妨试试有曲线美感的单柱边桌，只是在购买小桌前，请先清点晚上就寝时必备的睡眠小物，再挑选。此外，床边桌的高度最好与床垫等高，或不要高过床垫15厘米，以方便你能随手取用物品。

边桌和灯具不同形式，制造混搭美感

　　前面几章的空间布置都在告诉大家用混搭家具，制造空间的多元美感，卧室也可以；不过，采用一组成对的床边桌、灯具，是不错的选择，因为视觉上的对称，会让人觉得井然有序，这样的空间容易让人觉得放松。当然，这个建议不是要你将家中所有卧室的床边桌都换成一模一样的。以下是几种有趣的混搭风：

- 金属花园桌搭配药房灯
- 现代风格的方块桌搭配葫芦形台灯
- 深色木床边桌搭配透明玻璃灯座的台灯
- 盖桌布的床边桌搭配经典吊臂式灯具

床边桌其实是卧室最实用的装饰布置，若你并不爱在床上工作，那么简单的三脚凳，上面摆上美丽的小水杯，就是可爱的小角落。

卧床两侧的边桌和灯具各自有不同形式、样貌，大玩混搭艺术，反而更加突显卧室主人的性格。

若卧室的光线充足，那么靠窗侧的床边不摆桌子，而是摆个造型柜，也会是个匠心独具的布置。

Match Design Limited

葫芦瓶身的台灯搭上方形边桌，对称地摆于床头两侧，会有复古的美感。

Andrew Bell

衣物柜

依照衣服种类和数量来选择合适的收纳

卧室的储物预算千万不能省。这里就好比厨房，你规划的收纳空间越多，你的日常生活动线就能越流畅；其实，卧室还有其他空隙可做收纳，而且用不着出动大型橱柜就可搞定，尤其是：床下和门边、窗边。

依照你的衣服种类，选择收纳方法

一般而言，卧室也身兼更衣间，但要是没有规划出妥善的收纳空间，你的衣橱就会像藤蔓般渐渐占据整间房间。想要好好收纳衣物，你就必须让出卧室的一面墙给储物家具，像是抽屉柜或衣柜，等等。最重要的是，你的家具一定要符合你的需求。

如果你偏爱洋装，那就放弃衣橱、五斗柜，腾出空间让给吊衣杆，如果你有成山成堆的羊毛衣，那最好准备足够收纳空间的衣柜给这些衣物。

想要每件东西都整整齐齐的，你可以在抽屉里加放隔板，好让你收纳小物品，再于衣柜里增加帆布挂袋，给你的鞋子和配件一个家。

卧室空间若小，可以化墙为柜，尽可能增加储物空间。

Danny Chiu Interior Designs Ltd.

若你的衣物多是毛料类的织物，建议采用多抽屉的五斗柜收纳。

Debbie Deco Ltd.

床架下方可以定制成抽屉，既美观又兼收纳。

Fancy Design

利用滑轮收纳箱将换季衣服藏在床底

运用狭长形的塑料篮加上封口上盖，来收纳季节性衣物，例如毛衣和其他外衣，或是偶尔在特定场合才会穿戴的服饰配件（像是溜冰鞋或晚宴服）。此外，附有轮脚的收纳箱用起来也会较顺手。老旧或用不着的旅行箱和箱子也很适合拿来放在床底做收纳用。

在靠窗和靠门处放置板架，就是隐藏收纳空间

将架子融入窗框或门框，它就会成为这个空间结构的一部分。你可以试着把架子沿着窗框垂直锁上，或是将它们安装在稍微重叠门框的上缘的地方，这两种方法都能让人将视觉焦点放在更大的东西上，例如窗外的景色或是门外的走道，反而不会将焦点摆在架上的书籍、箱子等杂物。

有些人床尾常会摆上一张长椅，不妨把它换成一只木箱，里面的空间可以让你轻松收纳柜子放不下的衣服、薄被、毛毯等。你甚至可以运用一点巧思把箱子改造成可以收纳吊挂式文件，或其他文件的数据箱。

卧室的空间够时，不妨试试在床尾放个复古衣箱，就成为很不同的收纳布置。

当你的衣物多是衬衫、洋装类，想要免去每次熨衣的麻烦，可以将衣橱改成吊杆式的开放衣物收纳。

Tint International Limited

低矮型的五斗柜适合床边收纳，且这种橱柜还可兼做边桌使用。

Debbie Deco Ltd.

卧室收纳不一定非用垂直的衣柜收纳，有时摆些小衣架、古箱子做收纳，还可变成另类的布置。

Debbie Deco Ltd.

衣柜收纳守则

衣柜里的每寸空间都要善加利用，你可以装置隔板架或简单在横杆上吊帆布挂袋（用来收纳鞋子或编织品）。一座至少有210厘米高的衣柜能容纳两支横杆（上下各挂一支），但要注意最低的横杆至少要离地约105厘米高。

整理： 把你不穿的衣物，捐出去或丢掉。

增加空间： 安装隔板、层架、挂袋或利用箱子活用衣柜里的每寸收纳空间。

挂起来： 多花些钱投资高质量的衣架，它们能帮助维持衣服的形状，延长衣物的寿命。

集中相同对象： 先把同类型的衣物集中起来，例如：衬衫、毛衣；再以颜色进行分类，像是黑色、红色等。

顺手拿放： 将你常用的对象放在视线可及或较低的范围内，很少用到的则放在拿不到或比较高的地方。

装箱： 利用贴上标签的纸箱或其他箱子集中类似的物品，但使用过后一定要放回原位。

怀特室内设计

在卧室一角设置开放式铁件吊杆，下方空间让屋主自己视平常要折叠衣物的数量，自由组合抽屉，也是不错的收纳点子。

量身定做的系统柜是不错的卧室收纳选项，但事先要和业者做好沟通。

靓靓星室内设计

外套、大衣类的衣物就直接在墙面上安装铁杆挂架挂起，只要和卧室风格相当，也是一种布置创意。

Tak Ho Interior Design Ltd.

利用特殊造型的书架来收纳卧室的小杂物或书报，不但为空间增添趣味，也达到整理收纳的效果。

Modern Design House Ltd.

Bedside Table

床边桌常见款式

抽屉小桌

常见的床边桌款式之一，有抽屉方便收纳杂物，有些款式还附矮架，搁置书本或收放私人物品都很便利。此款床边桌有各式不同材质。

☑基本款　□流行款

单柱脚桌

外形别致，与简单床铺形成强烈对比，是有趣的空间布置，但需要时常整理桌面，否则桌面过于凌乱，会让整个空间感觉杂乱。

□基本款　☑流行款

盖布边桌

能盖住桌下的空间，形成一个很好的收纳空间。在桌面加一块等面积的玻璃，或是放置托盘、摆个小物，能为桌子加分不少。

☑基本款　□流行款

书柜

　　若要让卧室多出额外的收纳空间，可以利用现成的短小书柜，但柜子深度要够，才有足够的面积当桌面，书柜的高度不要高过床垫。

☑基本款　□流行款

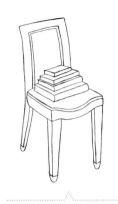

书叠椅

　　一张高度适宜的椅子或凳子放在床边，会为空间增添一些趣味；而把厚重的精装书叠在一起，也能营造浓浓的文艺气息。

□基本款　☑流行款

书桌

　　直接摆一张简单的小书桌，桌面部分的空间可用来放置小物；也可以是卧室中的工作站。

☑基本款　□流行款

造型柜

　　在现代风格的空间中，线条简约的设计款矮柜，很适合摆在床头，当作简单的收纳区，也会为卧室增添不同的风味。

□基本款　☑流行款

小书橱

　　若有睡前小读的习惯，但不爱用开放书架布置的人，可以采用这种传统的古典小书橱，会让卧室有些典雅风味。

☑基本款　□流行款

Storage

储物柜常见的款式

抽屉柜

通常最上层的抽屉都较小，可以用来放置内衣和珠宝等对象，而较大的隔间则是放衣物用。抽屉里放塑料隔板可以帮你做分类，此外，两座高瘦的抽屉柜也能取代一座大型衣柜。

☑基本款　□流行款

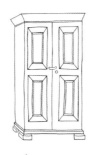

衣柜

是种独立式的衣橱，很适合用于收纳吊挂和折起来的衣物，但它也会占据较大的空间。记得先确认衣柜内的吊挂空间的深度至少要有60厘米，因为许多老式衣柜深度都太浅，无法放进一般衣架。

☑基本款　□流行款

古典柜

是古典风、乡村风的卧室空间常见的款式。起源于十八世纪，为小巧精致的洛可可风格，因为带着甜美纤细的美感，所以很受女性的欢迎。适合女孩房的布置。

☑基本款　□流行款

造型五斗柜

　　是抽屉柜的设计款，收纳空间要看柜子的大小，希望卧室多点变化，此类的造型款衣柜是选项之一。

☐基本款　☑流行款

造型衣柜

　　是抽屉柜的变化款，较五斗柜高一些，可兼做工作桌或化妆台使用。适合收纳折叠的衣物及贴身用品。

☐基本款　☑流行款

系统衣柜

　　近年来颇受欢迎的卧室收纳，是依照屋主的使用习惯、空间大小、室内风格量身定做的。收纳方式和用途能依使用者的想法制作，因此变化多元，但在挑选制作厂商时，务必要做好清楚的沟通、说明，以免成品和自己想象规划的有落差。

☐基本款　☑流行款

现代衣柜

　　是常见的基本款，适用于现代衣物多的小家庭。外观通常变化不大，线条简约、装饰也不多，较适合现代风的空间。

☑基本款　☐流行款

直立式简易柜

　　这种简易的衣柜不管是组装金属架、横杆或披上布面外罩（特别是和墙面相似的颜色）都轻而易举，是个简单的收纳方法。

☑基本款　☐流行款

To create a more intimate
椅子&其他装饰品 space to rest
营造更温馨的空间

不管是何种单椅，摆在卧室中，都会是一种风景，若有空间可以配上个小圆桌，就可成为另类的休息或工作区。

Ross Urwin

单椅

不是座椅，但可以代替卧室小桌、装饰摆设

在卧室里挪出位置摆张万用椅吧！它不仅能让你舒服地窝着看书、休息或穿鞋，也能当作书桌椅使用。此外，你也可以在更衣时随兴把衣服扔在上面，用途就好比睡觉时的备用枕一样。

从布置的角度来看，一张椅子可以为四四方方的空间增添不同颜色、图案和形状。一张有绷布的椅子不仅能降低这些方正线条的严肃感，还能多个柔软的休息地方。

至于在床尾，我们可以摆张小矮椅当休息椅。如果空间允许的话，也能放张较大的休闲椅。主卧室若有空间，不妨考虑在那张椅子旁摆上脚凳和一盏灯创造出阅读空间，这里会比客厅的阅读区来得要更隐秘、幽静。

其他摆设

窗边卧榻、镜子、挂图、小物，都具风味

卧室除了床组、家具与灯具，我们还可透过其
他的单件小物来装点空间。

1

窗边卧榻是女孩的最爱

在欧美各国，卧室也常出现窗边卧榻，充满了休闲感。在窗边设卧榻有几点好处。

- 若窗外景色不错的话，可坐在这里赏景、休憩。
- 可坐在窗边卧榻与亲友轻松闲聊、话家常，增进彼此感情。
- 卧榻下方还可作为收纳空间。

2

小型画作

角落的单椅布置，配合墙上几幅小型的抽象画作，以及鲜艳的抱枕，让纯白的空间不再死气沉沉，这种布置手法很适合无法更改装潢的租屋族。

3

镜子的装饰魔法

- 直接挂在房内窗户的正对面，增加可看的风景。
- 利用镜子将另一个空间的光线折射到暗处。
- 摆在能映照出美丽的花朵或艺术品之处。
- 在视平线的高度挂一面大镜子能让空间感觉变大。
- 在烛光摇曳的空间里利用镜子增添气氛。

靓靓星室内设计

2 3

Andrew Bell

Boris Design Studio

打造孩子的 私人空间
Build a **private space** of the Child
儿童房

天蓝色的主题常是男孩房的选择，这种中性色带着安定、沉稳的气质，可以抚平男孩好动的心思。

Artwill Interior Design House

现代人疼小孩，许多家长会帮孩子留独立的房间，理想的儿童房应具有"可以改变"的特质，因为孩子会成长，随着幼儿期、学龄期到青春期的不同需求与偏爱，房间功能必须灵活变化。

因为孩子成长很快，与其花大钱布置硬件，不如简化儿童房的硬件装修，改以可大量随时汰旧换新的软装，例如：抱枕、床单、窗帘、等等来布置，不但花费较省，且更迎合孩子成长转变的需求，有时更能发挥画龙点睛的效果。

在台湾小坪数居家空间，要布置孩子房，请掌握几项原则。

善用色彩平衡孩子的性格

房间的颜色会影响孩子个性，是许多家长常忽略的重点，大家都会依孩子喜爱的颜色去布置整个房间，这并不完全正确。环境中常见的色彩会左右人的个性，亮度高、过于鲜艳的颜色容易让人躁动；反之，沉稳的大地色系、亮度中等、稍浅色，则让人心情安定、温和。

因此，当家中的孩子较好动时，房间的色彩请多用卡其色、橄榄绿等稳定色；若孩子个性过于安静，最好用亮度高一些的单纯色，例如：黄、橘、鲜绿等。

儿童需要自然采光充足的空间

很多家庭都会把采光最好的空间留给客厅或主卧，但是从健康和人格养成的角度来看，最需要阳光的家庭成员其实是正在长大的孩子。

阳光充足的空间，细菌较其他空间少，孩子就不易生病。而且常生活在自然光照射下的孩子，大脑的活动力会较高，对于逻辑推理和色彩感知有正面影响；最重要的是，生活在阳光充足环境的孩子，个性开朗积极、乐观，身心较房间阴暗的孩子健康许多。

灯具不要直射孩子，会影响大脑和视觉发展

儿童房的灯具布置原理会比一般卧室来得复杂。首先，孩子的成长期，大脑还在发育，好的睡眠对大脑发育健全很重要；但一般幼小的孩子都怕黑，房中配备夜灯是必要的，因此夜灯的亮度和装备位置就很重要。

夜灯的开关要安装在孩子伸手可及之处，而夜灯光线不能直射孩子脸部，会干扰孩子的睡眠；此外，灯光最好采用暖和的鹅黄光，亮度低一些。

孩子房的主灯光要采往上投射的灯具形式，因为向下照射的灯源，在孩子向上望时，会刺激视网膜，对孩子的视觉发展不利。

Matteo Nunziati

儿童房的墙面装饰可以有各种方法，最常见的就是将孩子的劳作、涂鸦贴在墙上。而房间布置更可以放上孩子喜爱的可爱玩偶。

孩子房间的灯光最好是向上投射，这样较不会影响孩子睡眠，同时也不伤视力。

Matteo Nunziati

简约乡村风是许多人在布置女孩房的选项之一，舍弃常用于女孩房的粉红色调，改以沉静气息的蓝白条纹，配以碎花床单，更显女孩的文静气质。

Fancy Design

在不同的阶段提供"对"的设计布置

当孩子迈入不同人生阶段，房间就需要配合改变原有设计，并增加新功能，以帮助他们不断学习新能力。

幼儿期的儿童房建议采用活动式家具，因为在学龄前的儿童没有太多的使用机能需求，但喜爱探索、触摸各种器具，容易因动手抓弄、磕碰而造成对象的损坏，所以活动式家具能满足"必须不断更新"的需求。这个阶段的儿童房家具基于安全考虑，必须采用材质较好、符合环保标准、没有棱角的对象，以免在孩子抓咬、走动时，受伤或摄入危害健康的物质。

学龄期的孩子就可依孩子的喜好及学习需求，采用定制的系统家具或木制家具，并且于墙上做些变化，例如：可爱的壁贴、孩子的涂鸦作品，等等，甚至可以依男孩、女孩的不同喜好，规划房间的风格。值得注意的是，这时期的孩子也开始懂得灵活运用计算机、ipad等3C产品，为了孩子的大脑、视力、自治力、时间观等的发展与养成，请将这类产品放在大人看得到的地方，更不能让他们能随时取用。

青春期的孩子开始进入叛逆期，为了保持两代间的良好沟通，以及家庭成员的情感连接，可以试试改变房间格局，采用"半开放空间"或"弹性格局"，让孩子保有自我隐私，又能接收到家中其他成员的动向和信息。

Chateau Interior Design Ltd.

学龄前的儿童房，床铺需要做得低一些，装饰物也可多样、可爱、多彩，可以刺激孩子的脑部发育。

青春期之后的孩子有自己
的想法和隐私，父母不妨
放手让他自己规划布置自
己的卧室，让他觉得受尊
重，也觉得有了属于自我
的个性空间。

在家中轻松 处理事务
The Simple private space of the Child
工作区

卧室中的梳妆
台也是一种
可迅速变身
为工作桌的区
域，两侧再定
制收纳墙，就
是个很好的
小书房。

当卧室兼做书房时

不一定要摆张桌子当书桌

我们对卧室的众多期望里面，除了睡眠空间、衣橱和储藏空间以外，偶尔会多一项重要的要求，那就是"工作区"，尤其是小房子中，卧室常兼书房用，但在睡前工作通常无法让你一夜好眠的；因此，请记住一项原则：一张不会威胁到舒适卧室的工作桌，要具备随时隐身消失的能力。这句话指的是所有和工作相关的对象，比如计算机、文件和文具等，都得收得一干二净。

Matteo Nunziati

很多时候大家都会将卧室兼做书房，若空间不够时，不妨尝试用床侧的边桌当工作区使用。

简易工作区

随时随地都可以让你完成工作

　　替活页夹和箱子装上布套或纸套：藏起成叠的文件和杂志。若想要再降低它们的存在感，可以挑选中性色或接近卧室墙面的颜色。

　　让工作桌身兼梳妆台：只要在桌面上方悬挂一面镜子，再将化妆品和首饰放置于随手可及的饰品盒里就行了。

　　把可移动的收纳化为携带型的办公室：找个袋子、推车或箱子，能让你随时带着它们移动到家中任何空间。在袋子里放齐你的工作用具，如支票簿、笔、邮票。到工作时，只要拎着装有工具的大袋子就能立刻上工。

在窗边或是衣柜间架上个层板，也可算是个简单方便的工作桌。

A Space Design

Andrew Bell

将衣橱多做一个层板抽屉，随时可以拉出书写、化妆、处理事务，是一种隐形的工作桌。

Decor House

*
不喜欢卧室
变工作房，
那就搬到餐厅

林志隆设计师的建议：我觉得卧室就让它保留单纯的睡眠机能，工作空间和客厅或餐厅结合比较好。

*
善用窗台打
造工作桌

郭璇如设计师的建议：一般来说，卧室最好只是很单纯地供人睡眠之用。图中个案身为律师的屋主在家也需要书桌办公；因此，选择在窗边打造书桌，他在此工作时也可享受室外美景。

郭璇如室内设计

Workspace

工作桌的款式

窗边桌

　　这是一种空间再利用的变化方式，用闲置的窗台做出小小的木制休憩台，就能当作简易的工作桌使用，同时兼做休闲放松的区域。若卧室空间较小，可以采用此种布置。

☐基本款　☑流行款

桌柜或抽屉桌柜

　　有些款式特别作为家庭办公桌的用途，包含一张拉出式的键盘托盘或是写字桌面。

☑基本款　☐流行款

书桌

　　把又老又旧的木书桌给忘了吧！换张流线造型、简易实用的帕森斯桌吧！如果想扩充收纳空间的话，可以在桌底加放一座有轮脚的文件柜。你可以将文件柜上色，搭配整体卧室的氛围，也能帮整张桌子罩件漂亮的桌裙装饰。此外，在桌面上放置简单的麻布或合成树脂的盒子，也能让你轻松地把凌乱的单据和文件整理干净。

☑基本款　☐流行款

秘书桌

基本上是一座传统的柜子，有着低矮的抽屉、视线高度的柜子和一块及腰的平面，可打开当成写字桌。另外，还有一些能用来放小零件，像是回形针和邮票等的隔间和抽屉。

☑基本款　☐流行款

简约现代桌

这是近些年相当流行的北欧风格的现代书桌，收纳空间不多，但简单的线条摆在任何空间都不突兀，很适合小空间的现代家庭。

☐基本款　☑流行款

造型设计桌

一款非常前卫的设计款书桌，不具备收纳功能，但方便工作者顺手取拿工具处理事务。不过，其造型简洁前卫，并不是所有室内风格都合适。

☐基本款　☑流行款

现代造型桌

传统书桌的设计款，特点在于其造型典雅中不失流行，有变化却不会太突兀，摆在任何风格的空间中，都能成为亮点，若不当作工作桌，而是将之当成空间的装饰，也是很好的布置元素。

☐基本款　☑流行款

橙橙设计

風 格 布 置

卧室

笔记

• 顾问／橙橙设计

古典风

床与墙在风格上必须一致，在细节处营造典雅氛围的美感。

卧室布置

古典风常见的做法是将天花板延伸至床，扩及床头柜，再以女人最爱且必备的化妆台加入其空间，整体而言，应该可以说功能面的完整性已齐备。

古典风格的卧床选择

谈到古典风格的床，大家首先会想到挺立高耸的四柱床。近年，由于世界各地的房子，皆朝小型化发展（除了台湾本地），因此常见的四柱床款似乎也随潮流自高耸的四柱，朝矮型化调整，因此台湾房子并不会受限于高度而不能采用。在四柱加入布幔，举凡薄纱、丝质等极致化表现，能增添卧室的温润度。

雪橇床，它设计的前背板采用弧型高背，床尾板也做了风格上的延续，在床侧缘处以洛可可的涡旋纹收边，其内蕴含着大量维多利亚时期的艺术美感，雕刻的层次感虽不过分繁复，但整体造型及木质的选择，依旧是欧洲古典中独领风骚的代表。

在墙与天花板的交界处，以布幔散于床头板两侧，再酌情加以束绑，更增卧室温润而浪漫的气息。

古典风格的衣柜

台湾近年来已逐渐有接入欧美风格的趋势，不论何种设计风格，大多在主卧室衣柜的做法上，采用更衣室形式呈现，其优点为收纳较强、较完整、较多功能，并具凌乱不整也不易影响卧室中的美观。

更衣室功能不外乎衣物的储存、皮包类的收纳、皮箱的存放，以及存放首饰及美容化妆用品等。制作上大多以木作方式一气呵成，玻璃材质的选择，不再以简约式的清玻、灰玻、雾玻、烤玻为主，取而代之的是茶玻、条纹玻璃、鱼鳞玻璃及乱纹或腐蚀切割的镜面交错运用，有时候随意错置的艺术，常常是不经意中美的化身。

如果碍于空间无法设置更衣室，也可以采用衣橱的形式，顺便遮盖些视觉上不便露出的大梁。木料的选择，依旧是以橡木杉型纹、胡桃木、枫木等为基本，再加以涂料染色等工法，值得一提的是，英式及美式的古典风格在油漆的选择上，不论喷漆、木皮染色，甚至陶烤皆以平光方式为主，才不至于流于俗艳及彩度太高。化妆台做法亦同，除惯用的线板之外，也可以在四只脚柱上选择定制歌德式的尖塔纹或洛可可式的涡卷纹。

郭璇如室内设计

乡村风

多爱用活动家具来布置卧室，且床位可随时改变。

卧室布置

台湾的卧室空间多半不大，习惯将床位固定，且在床头的墙面钉制床头板。卧室若只低限度地布置装修墙色、天花板与衣柜，再摆入床组、斗柜等家具，并搭配落地灯、台灯或壁灯，反而更能展现乡村风的甜美与优雅。

乡村风的收纳

卧室通常以床为主角，故我们可从床架的用色、线条来选择搭配的五斗柜等家具。选择五斗柜或是床边桌、床边柜等卧室家具时，首先要考虑卧室是否有足够空间与适当位置可容纳；接着，再选择造型能搭配整体风格的单品。

选购材质、做工皆美的家具能帮空间加分。由于乡村风或新古典风的家具在价位方面都有一定门槛，因此想打造乡村风居家的读者，务必将装修预算留出相当比例来添购家具、家饰。质感佳的家具、家饰能为空间加分。

乡村风的卧室照明和摆设

规划乡村风卧室的照明时，要打造出柔和的照度，灯泡最好选用暖黄的光色。此外，有传统圆筒状灯罩的单品较适合用于乡村风的空间，由于床头台灯多半当作睡前阅读的照明来源，兼有夜灯的功能，因此，灯罩最好为半透光的材质，光线透过灯罩而出，会形成温柔的空间感。尤其是，当灯罩笼上一层轻透薄纱时，更能营造出浪漫感。

乡村风卧室，装修软装除了床组、家具与灯具，我们还可透过寝具、小抱枕等小件单品来装点空间。

- ●**小型画作**：主题为花卉、风景的画作很适合调性温馨、柔和的乡村风。

- ●**布品**：寝具、抱枕等布品绝对是营造卧室风格的大功臣。

- ●**小型块毯**：小块毯在欧美居家是很常见的家饰单品。尤其在卧室，摆在床侧的块毯能提供温柔触感，避免下床就直接踩到地板而觉得冰冷、不快。在视觉上，块毯的花色、造型也装点了空间。

- ●**壁灯、台灯**：局部照明的灯光很能营造氛围。而且壁灯、台灯本身的造型也能强化整间卧室的乡村风调性。

风 格 布 置
卧室
笔记

● 顾问／林志隆设计师

工业风

卧室布置可以运用亚麻布、皮料来营造工业风格。

怀特室内设计

卧室布置

卧室就让它保留单纯的睡眠机能，工作空间和客厅或餐厅结合比较好。工业风的卧室，虽然不必延续工业风，但也不适合摆个风格差太多的床架形式，例如过于乡村风的床架就不适合。建议可以选择不是整个床架落地、而是稍微有悬空感的床架，简洁有型。

包覆麻布、皮材质的床架，蛮适合搭配随性、中性的工业风。由于是睡眠空间应以温暖调性为主，因此卧室空间不太适合走偏冷的工业风，但想让家居空间之间互相呼应，就可以选择包覆麻布、皮材质。建议尽量选择素色、暗色系、简单不要太花哨的床单，百搭、看不腻。至于卧室墙面颜色可以用较浅的颜色，具有舒压、沉静的效果，像是灰色、米色，都是很适合卧室的颜色。

虽然我不是很赞成在卧室这种休息放松的空间，采用工业风格的空间布置，但是若希望整个房子的风格统一，你可以选用金属灯罩式的灯具，来呼应整体工业风元素。而且就卧室照明来说，工业风的灯具可以让空间的混搭活泼。

朱英凯室内设计

风 格 布 置

卧室

笔记

● 顾问／朱英凯设计师

现代风

卧室不宜用太鲜艳的颜色，稳重色系配浅色家具即可。

卧室布置

为了让睡觉的时候感觉舒适，通常卧室不宜采用太刺激的色彩，比较建议深沉、稳重的色系，再搭配其他浅色与温暖色的家具，如咖啡色、米色、驼色等，并以素色为主，而且家具样式应该尽可能线条简单。

若想营造卧室气氛，可适时使用灯光点缀。例如：床头采用间接照明代替天花板的主灯或嵌灯，以免强光造成眼睛的不舒适，还会影响入睡气氛，损害睡眠质量。

卧室收纳可以利用床头

收纳不是"储放物品"就好，但是许多人却将收纳视作藏物。其实收纳只是我们日常的行为动作之一，要考虑是否方便收放与拿取。

首先，我们要先解决收纳空间不够的问题，是真的因为空间不足吗？还是不够了解自己的生活习惯？其次，再依照自己的穿衣习惯，规划出使用率最高的衣物柜，该由上下吊衣杆、单杆、抽屉及层板中的哪几种元素组合而成，再依实际需求进行调整。

当然，如果空间得宜，床头也是可以善加利用的空间，例如将床头设计为可以收纳物品的格状层板，或是内部掏空，或是仿照其他室内设计的做法把床头板上方的空间设计为隐藏式的收纳柜。善用空间的畸零地带，都可以让居家看起来更整齐干净。

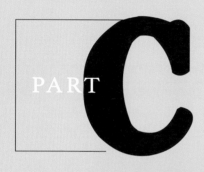

PART C

布置**成功第三步**：
8个展现自我的
风格布置
玩出**家的不同气质**

懂了各个空间的布置方法，
却还拿不定主意该用什么风格来布置吗？
就让设计师们分享独家的室内布置案例，
从细节处赏析名家如何运用小技巧，
让沉闷的空间变成有生命、会说话的家！

墙色与门窗的设计魔法，
小坪数布置成大气精致的古典屋宅

古典风装潢向来常见于大坪数屋子，此屋仅约89平方米，只有2米8的高度，梁不的高度甚至只有2米5，但是三十多岁的女屋主很喜欢纯正的古典风格，设计师因此以英式古典为目标来执行。

撰稿／张爱玲　图片提供／橙橙设计

调整空间与建材比例，
小坪数展现纯正古典风

为了在小空间中营造古典风的气势，必须在很多细节上安排精心的设计，例如：全屋的壁板组合高度都是同一水平，采取上高下矮比例，就可以塑造房子变高的视觉效果；并将格局从三房改成两房，顺势加大客厅、餐厅，然后将原本位于狭长走道末端的客卫，拉到餐厅一旁，让客人更方便使用，也让屋主保有隐私。

双门扉、窗框装饰
让房子看起来更大

设计师在屋中多处设置了双门扉，营造气势与风格的完整度，其中有些是假门、假柜；例如：主卧大门自走廊看过去是气派的对开大门，但其中只有一片是真门板，作为进入房间的入口，而另一边是假的，里侧是收纳柜，这个手法兼顾了实用与美观，极为巧妙。

在装饰部分，设计师利用细节成功放大空间视觉，营造气派感，例如：在窗框上方加装气派的雕饰、在餐桌中央垂挂豪华水晶灯；虽然这是十多年前完成的作品，但今日看来依然不过时，没有陈旧的时光痕迹。处处用心的设计就是古典风格能历久弥新的原因。

将非古典的元素收起，
用沉稳的红色、木质营造风格

为成全精致古典的经典细腻，适度掩盖生活感与现代的元素也是一大关键。像是将空调设备内藏在双层天花板中、以古典风常用的假壁炉收起电视机、铸铁和茶色玻璃装饰设计的隐藏式储藏室，等等，把电器机动地隐藏起来，才能同时保有古典气质的美观。

在色彩表现上，处处可见古典元素。客厅的红色系沙发与地毯，为这个公共空间注入热情活力，并与充满历史感的实木茶几、木色壁炉融为一体；玄关与电视墙、洗手台和储藏室抢眼的对称铸铁装饰，与黄铜色壁灯的松果、鸟、天使等古典元素细节相互呼应；而壁炉上丰盛的瓷器、雕塑也都和谐地融入背景，共谱一篇赏心悦目的完美乐章。

小巧精致古典风格

重·点·笔·记 ✐

Point

Point 01

Point 1

餐桌椅组

桌脚椅脚的迷人曲线，
柔化沉稳的古典氛围

不同于现代风格桌椅使用直来直往的线条，古典风格餐桌桌脚和椅脚的圆弧线条，与屋内的圆弧铸铁和饰品相呼应，为餐厅空间优美地勾勒出与众不同的气质。

Point 2

原木茶几

细致工艺散发正统的古典风情

客厅的稳重茶几，金属把手、立体圆纹、线条饰边，四平八稳中拥有古典氛围的层次与细节。最有特色的是球状设计桌脚，软化了四方桌体线条，而且桌面的茶玻厚度比一般还厚一些，更耐用也更有质感。

Point 3

空间色彩

让壁板、地板退居配角，
用家具树立风格

米白壁板与地板低调地退居配角，色彩显眼造型亮丽的家具与家饰品，才是空间气氛定调的主角。当初设想的是，未来如果屋主想要更换色系或布置，不需动到硬件，只要更换家具或饰品，马上又能为居家变化不一样的感受。

Point 4

窗帘设计

荷叶边饰取代窗帘盒机能，
同时拉大空间感

因为没有多余的空间配备窗帘盒，设计师在窗帘最上方加装了短荷叶边饰，遮住轨道之余也有美观功能。另外，一般这种三面窗，窗帘会做成三面，此案则是从中开窗帘，不用时可将窗帘利落地收在两边，充满量身定做的细节与巧思。

Point
02

Point
03

Point
04

小巧精致古典风格

Point 5

大门修饰

外观不改动，但内部改用双开古典木制大门

一般大楼的大门是全栋统一，装潢时如果外观无法更动，可以像这样从内部改动，制作与内部装潢一致的设计，双开白色古典线板门、红铜雕花把手，加上精致的门眼，成了优雅气派的大门。

Point 6

铸铁洗手台

不只是装饰，以细腻的设计隐藏排水管线

洗手台下方的铸铁设计，不仅仅是装饰效果，洛可可的涡卷纹方式完美掩饰了内部曲折的水管，使得镂空设计一点都不显杂乱，反而强调出穿透的视觉感。

Point 7

小摆设微微上扬

镜子摆放角度放大整个空间的视觉效果

壁炉上方放花器、烛台、瓷器等丰富的艺术装置，其中中央的木制古铜金与黑混合，雕刻而成的优雅大圆镜，除了是装点艺术外，还身负放大空间的重要任务，诀窍在于角度需略往上扬，可将天花板倒影并入镜中。

不一样的布置点子

❶ **洛可可涡卷纹铸铁** 全屋所有铸铁图腾皆为设计师亲自就屋高及宽敞度设计出来的，沿袭自古典风的经典洛可可涡卷纹再加上自己的创意，为一派正统古典增添一些活泼创意。

❷ **隐藏式空调出风口** 越来越多人觉得空调会影响装潢的完整性，所以追求空调的隐秘性。这间屋子的空调是在间接天花板中侧出风，但是设计师发现侧边出风容易直接吹到人，因此以无边框设计的下出风更为理想，并可以将空调下出风口和警报器等都安排在一起比较清爽。

❸ **现代的3C喇叭依然可以古典** 连视听设备喇叭都是精心挑选的古典款，大理石底原木直立造型，恰到好处地融入古典装潢之中。

❹ **机关墙面的趣味** 主卧床铺尾端，看似一整面完整的墙面，其实暗藏了通往浴室与更衣室的入口，如此设计维持了装潢的完整性，还意外充满了机关的趣味。

墙色变化区隔空间，善用经典元素创造沉稳的古典风

132平方米、高3米25的空间，以居住空间标准看算是相当高挑，具备打造古典风格的先天条件。走进大厅，宽敞与沉稳的色调，已让人沉醉在古典气氛中，超过180厘米高的全大理石打造壁炉、中央垂吊的多层水晶、粗边框的金边画作，充满历史感的硬件对象与饰品，交织出仿佛欧洲古堡的富丽堂皇，让喜爱古典风的人不禁屏息驻足。

撰稿／张爱玲　图片提供／橙橙设计

不同空间以相同细节布置联结，
以墙色变化展现古典空间的大气感

　　以玄关为分界点，一侧为客厅，另一侧为餐厅，L型的公共领域还能保持气势十足，是因为入口玄关深度留有二米深；公共空间则以双开门的方式表现在餐厅的两侧。为追求开放整体空间的完整性，设计师提醒：一定要用相同的细节做语汇，例如，厨房和书房的玻璃双开大门，周边饰有精致的麻花绳索线板，在入口大门两侧也装点了相同逻辑的元素。

　　精致全高壁板、同色系的地毯，辅以相同色系但较浅色的天花板，三者搭配使空间看起来较高挑且宽敞。设计师舍弃常用的浅色系，而采用较深的藕色做墙面，是因为这种沉稳色调比较能表现出空间"气质"，也让古典的氛围更加到位，这是一般浅色墙难以达到的效果。

卧室以沉稳的红色为主调，
但减少艺术饰品加强休憩放松感

　　餐厅中显眼的高背餐椅承袭古典风格要求的气派，特殊的镂空设计让视觉得以穿透，也不会产生空间的压迫感。餐厅廊道最里侧的红色系主卧室延续客厅的古典气势，因为房子的高度足够，天花板的颜色就不受限于浅色，可以选择特殊的搭配方式。天花板的暗红花纹壁纸，凸显整体空间中的优雅与贵气。卧床采用有床头与床尾板的简单形式，但在床头墙上做了细致的古典收纳式丝帐，仿佛置身于异国古堡的风情。房间延续客厅的古典元素，一样有水晶灯饰、雕塑、画作，但毕竟是休憩的空间，可以在数量上稍微减少些。

菱格地毯、罗马帘……
以经典细节建立古典风的稳重书房

　　书房设计是屋内的另一亮点，咖啡色系的古典书桌和隐藏式书柜门片，为主人家成就了使用功能上的多样化，菱格的马毛地毯和罗马帘、沙发、钢琴、等等，则为主人家带来柔软和艺术性，是可以看书、工作的环境，也很适合招待友人。再者，厨房、浴室也都古典风味俱全，不同空间彼此呼应串联出一个浑厚丰盛的经典古典风作品。

稳重气派古典风格

重·点·笔·记✎

Point

Point 1

古典灯具细节很多

造型多元，丰富精彩、具艺术性

古典的灯具造型多变，并且也具备繁复的原则，在现代风灯饰中几乎看不到的造型蕾丝、绣花布、流苏坠饰等，在古典风中大放异彩，每一个单品都深具艺术价值。

Point 2

色彩布置

巧妙运用过渡底色让电视若隐若现

壮观壁炉整座都以棕阁宝大理石打造，上方级以装饰用大理石线板；内侧则搭配色泽较深的金镶玉大理石，作为外部浅色大理石与黑色电视机的衬底过渡色，是电视不会显得突兀的技巧。

Point 3

花朵必备的经典元素

古典风中少不了花朵图纹

在古典风中，花是很好用的一个元素，像是花朵图腾壁纸、装饰花朵等，花朵的雅致宜古也宜今，如要搭配古典风的华丽感，则可以考虑现代居家较不会采用的大胆造型花饰，将其放入古典的花器中，自然又能烘托出古典风中的气派，使居家更有生活感。

Point
01

Point
02

Point
03

稳重气派古典风格

Point 4

灯光布置

灯具吊挂的位置有学问

　　书房的十字梁中央，以来自英国的铜雕材质，加以细腻的雕刻手法，制作而成的镂空鸟笼造型灯饰为主题，气派且惊艳。特地挂此处其实有转移大梁不平均分布的视觉焦点的功用，下方加入的垂吊挂饰更延伸了灯具的长度，使整体比例更具完美效果。

Point 5

小物布置

艺术金边杯具也讲究古典

　　餐厅的透明玻璃柜可以直接看到展示的杯盘餐具，几乎每件都镶上了金边饰，连小地方都彻底贯彻了古典元素。

不一样的布置点子

❶

❶ 不俗气的金色关键—维也纳镀金座钟 屋内许多家具与饰品是屋主从世界各地搜集而来，这座维也纳座钟是正统古件，镶金外观拥有艺术品的富丽感，却不落俗气，关键在于复杂的造型衬托出色泽的层次变化，而金色部分，由于雕刻精巧层次多元，凹凸面产生明暗层次，金色就显得内敛高雅。

❷ 古典风中的巧妙开关设计 全屋的电源开关依循装潢的色调，调整成不同的款式及颜色，造型设计成利落方形。值得一提的是，贴心的设计师将开关降低了位置；她向来认为要举手开关电源，是一个费力的动作，降低到手可以顺手碰触到的位置才是符合人体工学实用的设计。

❸ 摆设物品时，必须放置衬垫 外露的饰品或用品，不是摆得协调好看就好了，在古典风追求繁复的前提下，每样东西底下，一定要有底座或衬布，以慎重的心情去爱护并展示每样组件。

❹ 灯具挂绳、画作绒布边 绒布独有的高贵质感，在古典风装潢中运用范围广泛，除了常见的窗帘布外，像是为消除金属感而再加工的装饰灯具挂绳，或是画作的内衬边布等小地方，也都很适合使用绒布。

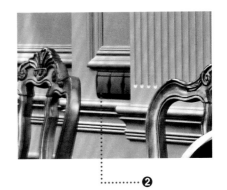

❷

❸

❹

大地色系、圆拱窗，
小空间混搭出南欧风情画

意大利中部的托斯卡尼（Toscana），是文艺复兴的发源地，亦是旅游业者心目中的"艺术城市"。从事导游工作的男主人，在周游列国之余还喜爱阅读，很讲究品味。所以郭璇如设计师特意将这间新屋打造成充满托斯卡尼意象的南欧乡村风。

撰稿／张华承　图片提供／郭璇如室内设计

开小窗让空间联结更流畅，
同时加强室内采光及通风

　　郭璇如设计师考虑到室内只有约56平方米，
在分割成两室两厅之后，各区空间一定会变得面积
有限，采光、通风也因而较差。为了不要因为功能
分区而降低生活质量，她将这户新成屋的原有格局
整个重新调整。让客、餐厅与厨房连成一个流畅的
公共区，并在客厅与书房之间的隔墙开设一扇窗。

　　可别小看它！这道圆拱造型的对开式百叶小
窗，无论是造型、用色或是仿旧质感，都很有南欧
传统民居的韵味。而且隔墙两侧的视线可透过窗洞
延伸，放大空间感；关上此窗，一片片百叶遮掩视
线的同时，仍可维持空气流通。此外，当光线透过
百叶落在沙发、书桌上时，美丽光影能勾起南欧艳
阳天的回忆，让心情回到托斯卡尼。

以奶酪黄、象牙白、橄榄绿等经典色定调空间风格

　　南欧乡村风的经典色也是营造气氛的大功
臣。全室铺设深色木地板，搭配奶酪黄墙面与象
牙白天花板。并用橄榄绿串联空间中不同的元
素：客厅主窗帘是橄榄绿缇花布配同色的扶带与
流苏；沙发背墙的半圆百叶窗、餐厅的中岛桌，
也都为橄榄绿色。厨房墙面的彩绘壁画也是充满
绿意的田园景致，与空间的橄榄绿、奶酪黄等大
地色系彼此呼应；同时，手工壁画也展现出屋主
喜爱艺文的特质。

　　不过，在地道的南欧乡村风语汇里，设计师也
加入少量的异质元素：客厅主椅是曲线柔美的法式
沙发、餐灯为工业风的圆罩吊灯。纤细柔美中有些
许阳刚，让温馨又自然的乡村风显得更有魅力！

混搭南欧乡村风格

重·点·笔·记 ✎

Point 1

卧室混搭布置

改良式四柱床搭配工业风照明

屋主喜爱在睡前阅读，因此四柱床的两侧对称配置的是两座落地书架。书架侧板安装了阅读灯；旋转臂加上可调整角度的灯头设计，便于照明及收拢。

Point 2

墙色布置

选用南欧乡村风的亚麻、橄榄绿色系

选用托斯卡尼地区常见的大地色系，质感也是营造氛围的重点。亚麻色沙发是棉麻裱布搭配原木框架；奶酪黄背墙为仿旧处理的涂刷工法，搭配橄榄绿木质百叶窗，用色和质感都令人自在放松！

Point 3

圆拱窗　隔墙开窗利于空气流通

看来轻巧、活泼的圆拱是南欧传统建筑的特色。沙发背墙的另一侧为书房兼客房，在书房与客厅的隔间墙上开设一扇圆拱造型的百叶窗，可协助小空间的空气流通并能延伸视线。

Point 4

沙发选择　留意沙发和空间的比例

小坪数的客厅只能摆入一张法式沙发，沙发长度要比底墙面短100厘米左右，才不显拥挤。此外，客厅的半腰窗特别搭配落地窗帘，可让窗面感觉更大，间接放大空间感。

混搭南欧乡村风格

Point 5

墙面布置

在墙上作画，
直接感受田园风情

　　壁画的创作者是郭璇如设计师的画家母亲，屋主很喜欢她的作品，希望自家也能拥有这样的壁画。画成之后，屋主站在水槽前清洗杯盘蔬果时，面对的不再是冰冷墙壁，而是如诗如画的田园风光。

Point 6

电视柜

仿做壁炉，美观兼收纳

　　将电视墙仿做成壁炉的多功能造型柜，并利用柜体厚度隐藏影音设备的杂乱管线。电视两侧的圆拱壁龛里摆放喇叭；播放主机则被藏在柜子里，不会外露、破坏整体的视觉。

Point 7

餐桌灯光

工业风吊灯
让乡村风多点阳刚

　　主人希望能在中岛厨房记账、阅读、吃东西。选用较阳刚的工业风吊灯，吻合屋主性别；圆灯罩能让光束直接打亮桌面，用两盏吊灯则提供桌面充足的亮度。

不一样的布置点子

❶ **开放式小厨房，利用中岛当餐桌，多功能运用**
因为空间小，开放式餐厨以多功能中岛当餐桌。
量身定做的中岛，底座为收纳层板，与这座中岛
搭配的是白色的双跨背椅与原木圆凳。因应业主
想在这里熨衣服的需求，在顺手却不碍眼的底座
埋设了电插座。

❷ **利用电视柜上的小饰物摆出乡村风**　造型电视柜
墙上方的小平台，也是发挥布置创意的好地方。
可以摆上旅游纪念品、照片、小盆栽、造型烛
台、小画或明信片等摆饰。

❸ **厚重的木门刷上仿旧漆，搭上皇冠，成为空间焦
点**　一进此屋就会看到卫浴间的门，观感不佳。
于是，设计师将门板改成仿旧米白色木门；并在
房门上方将立面拉长为21厘米，延伸到天花板，
上面以皇冠造型壁饰装点，让玄关有了焦点。

❷

❸

　+　

用工业风餐桌点缀乡村风格，变成迷人的法式殖民家居

屋主全家四口为年轻夫妻与一对稚女。郭璇如设计师为他们重新规划格局，将客餐厅化为宽敞又明亮的美学舞台，两间卧室则依使用者的喜好，打造出适宜风格。

撰稿／张华承　图片提供／郭璇如室内设计

用不同风格的单品家具，
混搭出别出心裁的法式乡村风

　　整体空间以法式乡村风为基调，交错点缀些许工业风元素；家具与家饰也采用混搭手法，在低调的米白、深褐配色中，展现随性的品位。

　　从玄关转入客、餐厅，深色拼花木地板对比白色木百叶，展现了温润的安稳氛围。客厅由美式沙发与法式贵妃椅共同布局，构成一个让家人与亲友共享的场域；不同风格的椅具透过麻布材质相互呼应；客厅边缘斜摆的贵妃椅，打破方正格局的正式与生硬调性，也方便屋主卧游书乡。

同一个开放空间，不同的空间照明，
玩出家的温暖

　　开放式餐厅的桌椅与餐灯则混了三种风格：法式殖民风的优雅餐椅、工业风的原木大桌，以及仿古的大厅烛台大吊灯。这些个性迥异的单品全是自然朴实的材质，在空间中达到巧妙的和谐。

　　除了家具、家饰大玩乡村风的混搭组合，此案例的照明规划也很值得注意。

　　设计师选用多种形式的灯具来装点空间，例如：以嵌灯提供整体均质的照明、餐厅悬挂烛台式大吊灯、墙面装点壁灯、边桌上是Tiffany彩绘琉璃灯、客厅桌椅旁配了立灯……。不同灯具的灵活运用，将空间照明的多元美感展现得淋漓尽致，也为这个家增添了不少生动温暖的氛围。

混搭法式乡村风格

重·点·笔·记

Point

Point 01

Point 1

茶几&边桌

非制式的桌椅组合，
活泼但不影响风格主轴

客厅分别有法式贵妃椅、美式主沙发与复古风的皮质圆几。圆几是屋主先前就买下的，却不知如何运用。设计师发现它的花色、线条跟客厅的沙发组有多处共通点。柔和的圆身造型跟红绿花鸟图案，用色与线条也很接近法式家具的语汇，因此暂代茶几。

Point 2

开放空间灯光

不同的光源照明，创造空间层次感

利用多元的照明组合，开放式客、餐厅除享有充裕的采光，在人工照明方面还包括：嵌灯、吊灯与壁灯，可视情境来调整灯光。当全家人坐在沙发或餐桌上时，若能降低周遭亮度、只打开这区的主灯，更能放松身心、拉近彼此的距离。

Point 3

窗型布置

大片落地窗，
以木百叶实现隐私、美观双功能

客、餐厅是一个宽敞的开放空间，单侧采光选用木百叶的折门与折窗，百叶的窗式兼顾了采光、通风、隐私与美观，将室内户外做了最佳的遮蔽，也在空间多了乡村风味。

Point 4

餐厅布置

不同风格的家具以细节相呼应，
突显混搭美感

餐桌椅从细节处可品味三种截然不同的风格美感。餐椅是纤巧的法式殖民风，黑色烛台吊灯是仿欧洲中世纪的古典风，与工业风餐桌的交叉铁件桌脚材质相呼应。

Point
02

Point
03

Point
04

混搭法式乡村风格

Point 5

沙发

在不同中找相似处，是混搭的重点

　　沙发排了一列棉麻抱枕。全以亚麻色为主调，从中变化出方格、红色条纹与英文字样等花色。"同中求异、异中求同"就是混搭的终极奥义！

Point 6

门窗造型

不同乡村风的造型门连接不同空间

　　门窗也可以是居家乡村风的表现重点。本图前景的百叶折门、远程的红拱门、后方的白色格子门等，不同造型的门连接家中不同的空间，为居家带来生动的趣味。

Point 7

天花板、壁饰

装饰横梁、挂上照片，让走道变艺廊

　　上方有根大横梁。设计师并没有选择封住原始天花板，以免降低立面高度，改设装饰梁，转移焦点。梁木染成能呼应周遭房门的红色，连同照片墙、壁灯让走道成了美丽的展示空间。

不一样的布置点子

❶ 边桌上的彩绘台灯＋小熊摆设物 边桌摆了一座 Tiffany彩绘玻璃台灯。灯下两个缩小版的复古沙发，沙发上各坐着一只小熊。这组小摆饰，主题贴近客厅的机能，并为空间注入情节与趣味。

❷ 整个公共区的桌椅、灯饰皆采混搭手法 壁炉旁的砖墙前方搁放大型的古典风木框是很Loft风的做法，但就是因为透过这些异质元素与手法，才让朴素色调的空间散发着稳定却活泼的调性。

❸ 玄关小细节用木百叶、皮质座椅、图腾地毯混搭异国风 玄关处的落地百叶门内为鞋柜。木百叶的门片有助于通风，也能营造出空间风格，角落摆张皮质单椅可充当穿鞋椅，铺块印第安图腾地毯，简单排布就构建出了别出心裁的空间。

❹ 开放空间用相同的地板材质连接，再以窗材、地毯区隔空间功能 屋主想让餐厅跟客厅略有区隔，因此将通往阳台的落地窗装设为浅色铝百叶，并让室内空间直接往阳台延伸，提高餐厅的亮度，无形中拉大了空间感。此外，客厅与餐厅透过相同色系的面材，整合成大片的地坪，再依照不同质感来将此开放空间划分成两个区域。

❶

❷

❸

❹

铁道木、布料混搭金属材质，
成为现代轻工业风住家

当男主人偏好冷硬的工业风，遇上女主人向往的现代感温暖居家，该如何从中协调？林志隆设计师在看似冲突的风格和材质中，以工业风浓厚的钢筋、水泥板、钨丝灯等元素，搭配木材质、布面，软化了刚硬，完美诠释了现代轻工业风的混搭效果。

撰稿／温智仪　图片提供／怀特室内设计

钢筋+水泥+汽笛灯，
大玩工业经典元素

走进这个家，代表工业时代的钢筋和水泥材质，以及钨丝灯和皮革的复古形象，重点式置入每个空间，处处呼应工业感。

首先，一进入玄关，映入眼帘的是一座令人印象深刻的玄关端景，不锈钢框出汽车活塞模型，下方是建筑用的钢筋所制成的特殊造型，大胆结合机械零件和建筑裸材形成装置艺术。

通往私人空间走道上方的天花板，藏了一道钢板装饰，低调修饰走道上方的大梁。餐厅的钨丝吊灯等于是公共空间的灵魂，仿火车汽笛样式的造型，呼应工业革命时的蒸汽火车发明，更标志出工业风重历史感的复古精神。

布料+金属+木材质，
软硬兼施调和风格

为了满足一般家庭既向往工业风的个性化、又想保持现代生活感的需求，设计师使用不同的软硬材质调和两种风格。从玄关开始，刚硬的玄关端景旁紧接着是一排包覆温暖木皮的玄关双面柜和电视柜，客厅以现代风为主，加入少许表现工业味的硬材质。

软面布料运用在布沙发、墙面装饰和地毯上，木质台面的茶几则结合工业铁件底座，搭配一张铁网状单椅和金属立灯，餐厅工业风浓厚的吊灯底下，则是现代简约的木餐桌椅，木质和布面便软化了以金属串连起的工业风格。

纹路+色彩+铁道木，
细节展现空间个性

个性风格的展现，不只是借由单品呈现，设计师也在材质表面玩色彩和细节变化。

玄关柜和电视柜、电视墙形成一体的延续感，由三种木纹颜色组成，电视墙铺设木纹水泥板，水泥色彩的凹凸刻纹，将现代轻工业风诠释得恰到好处。

沙发背墙则漆上灰紫色，调和工业风经典的灰色和空间中使用的蓝色。值得注意的是，卧室电视柜以铁道枕木构成，又与餐厅火车汽笛吊灯相呼应。为了中和睡眠空间的色调，床头背板使用锯齿白橡，浅色平衡了深色的电视柜。整个空间既有亮点，又维持着舒适自然的氛围。

混搭现代工业风格

重·点·笔·记 ✐

Point

Point 1

椭圆型茶几

在细节处做变化，空间感就会不一样

　　选择粗犷的木质桌板配深色金属铁件，最能呈现工业风。圆形茶几也能很有型，不一定要规矩的圆，可以是不规则椭圆或桌板中间厚、边缘薄，这些小细节都是工业风个性的展现。

Point 2

备用单椅

用抱枕改变单椅工业个性，多一点不同

　　工业风的家具搭配很自由，一张简单的铁网椅，只要搭配抱枕，单椅的感觉就会不一样。例如搭配线条抱枕，属于比较现代的简约感，若搭配狗头抱枕，又可以呈现诙谐的风格。

Point 3

复古钨丝灯

工业风经典元素，为空间定调

　　工业风经典的复古钨丝大吊灯，不但为餐厅提供照明，也让整个空间多了更多工业风灵魂，也为家庭风格定调。

Point
01

Point
02

Point
03

混搭现代工业风格

Point **04**

Point 4

工业风材质

不锈钢、零件、钢筋

　　不锈钢面板、金属零件与钢筋结构装饰，构成印象强烈的玄关端景，符合风水老师玄关不要做收纳的建议，又直接点出工业风主题。

Point 5

无把手木刻纹柜体

辅助收纳、兼顾风格

　　电视主墙，与玄关双面柜互相呼应。浅色柜是玄关鞋柜，黑色是餐柜，辅助餐厅收纳。凹凸木刻纹搭配无把手的门片设计，使柜体感觉像一道墙面，减低柜体对工业风格的削弱。

Point 6

餐桌椅

重点运用元素，处处藏有低调，细节互相呼应

　　餐桌后方拉门隔出半开放式厨房，灰玻璃搭配黑色金属框，造成隐约反射和穿透的视觉。连结客、餐厅的铁网单椅和金属立灯，走道上方隐藏了钢板天花板，每个地方都藏有工业感元素。

Point **05**

Point **06**

不一样的布置点子

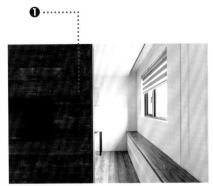

❶ 用铁道枕木的历史感，呼应工业风背后的内涵
电视柜以铁道枕木打造，长期使用过的粗糙表面，呈现只有历史才会有的质感。电视柜中隔出卧室与更衣室顺畅的双动线，电视柜后方的开放式吊衣杆搭配衣柜，方便男女主人收纳分配。

❷ 低调灰玻拉门，是隔间也是屏风 男主人希望有开放式厨房展现空间大器，女主人则担心油烟问题，想要厨房与公共空间隔绝。设计师以三片灰玻璃拉门界定半开放式厨房，完美糅合双方的风格要求，并设置固定的中间门片，即使拉门全开，会转变成屏风的作用，不会感觉拉门实际的存在。

❸ 低反光和雾面材质的利用 工业风的金属特色是低反光和雾面材质，因此沙发旁的柱子包覆灰镜，以低反光材质取代过于现代感的明镜，增加轻工业风居家的光影变化，也能够模糊柱体的庞大存在。

活用特色壁纸、裸露天花板，
艺廊概念打造美式Loft前卫居家

时常到国外出差的屋主夫妻喜欢从世界各地搜集
设计家具，因此设计师在思考居家风格时，决定
以Loft风为底，并以艺廊概念配置屋主购买的单品
家具，展演出轻松率性却又前卫的设计氛围。

撰稿／温智仪　图片提供／怀特室内设计

裸露天花板与轨道灯，再现Loft经典格局

随性的屋主最在意的要求是动线，因为动线直接关系到人在空间内的自由度。因此设计师在面对改造老屋时，采取开放式格局，并且不封天花板，保留屋高给予最大自由空间。裸露的天花板设置轨道灯，是工业风的经典做法，聚光灯式的照明手法，更显现出设计单品家具犹如装置艺术的个性。选用灯泡外露灯具诠释工业风，灯具等于是在开放式空间中，区分出各个场域的功能，餐桌上的吊灯框出餐厅区，胶囊电梯前的透明球状吊灯，如同客餐厅之间的界线，让空间显得井然有序。

活用特殊图案壁纸，快速混搭空间风格

像是砖墙、开放式书架，是工业风重要的对象，只要善用壁纸壁布，就能在视觉上加强风格。壁纸范围可大可小，多种拟真图案可以快速营造特殊风格。设计师运用砖墙壁纸铺设整面玄关走道墙面，走进大门如同进入时空隧道，立刻抵达纽约艺廊。屋主向往拥有国外图书馆的一大面书墙的空间气质，但藏书量并没有那么多，于是在餐厅贴上书墙壁纸，一路延续包覆转角，制造书柜的立体感。而到了卧室，看似精致的美式线板墙，其实是线板花样的壁布。

造型家具为主角，工业风展现屋主品味

对于喜欢造型家具或有各式收藏嗜好的屋主来说，包容性超强的工业风是最百搭又对味的选择，因为讲求的是自由随性、创意没有界线，林志隆设计师就认为工业风并不是一种特定风格，而是一种精神态度。全户家具几乎是屋主在国外购买而来，因此在空间底色上，以白色、咖啡色这种中性色彩为主，不做过多装潢修饰，把重点放在展演单品家具的个性，用最单纯、直觉式的方法体现生活风格。玄关的仿片场投射灯、礼貌先生立灯、钢铁侠等令人印象深刻的单品，看似突兀的对象，却都在工业风中混搭出独特品位。

混搭美式Loft风格

重·点·笔·记✒

Point

Point 01

Point 1

墙面壁纸　老工厂的砖墙图案低调表示氛围

玄关处刻意选用灰色老砖墙的壁纸装饰墙面，作为背景；再在此处摆上一架仿古电影黄光落地灯，配上白色的门板和墙上的老照片，呈现出二十世纪初期的老电影工厂风情。

Point 2

无背板书架

符合工业风简单态度，又有生活感

双层滑轨式定制书架，不做背板、直接镂空的设计，增加层次感，也满足屋主喜欢搜集展示品的兴趣。沙发旁以两个木箱老件堆栈成边几，呈现随性的生活方式。

Point 3

裸露格局

不封天花板的工业原始精神

裸露的天花板和轨道灯，是Loft风经典做法，直接呈现原始样貌。轨道灯采用艺廊展示灯重点照明方式，聚焦出空间独特前卫艺术氛围。

混搭美式Loft风格

Point 4

沙发抱枕

运用抱枕颜色和图案，
混搭程度自己掌控

工业风的沙发样式，除了复古皮沙发有很强的风格，灰色系布沙发也是很好的选择，如果想要多点混搭趣味，可以在抱枕上做变化，用不同颜色和图案增加活泼感，但是尽量以暗色、大地色系为主，除非想要跳脱工业风，就搭配亮色系。

Point 5

建材大风吹

超耐磨地板变身床头背板

位于二楼的卧室，以超耐磨地板制作床头背板，突破素材运用的范围。粗犷坚固的地板材，反而给人十足的安全感，并且与美式风格互相协调。

不一样的布置点子

❶ 颜色和灯具形式跳用，混搭出趣味普普风 一般来说，直接裸露的灯泡灯管类灯具，是最能营造工业风格的形式，但是也能选择与有灯罩式的造型灯具一起混搭，重点是灯具要够独特，才有画龙点睛的效果。虽然工业风不适合鲜艳色彩，但可以小部分用一、两种亮色做空间跳色，做出与鲜艳普普风的混搭效果。

❷ 壁布配造型门把，混搭一面美式风格门片 工业风也可以和美式风格混搭，像是门片贴饰古典花边图案的壁布，再搭配金属特殊造型门把，就成为一个颇有美式风味的空间。墙面适合用大小不一的照片采用不规则排列装饰，即成为一面有设计感的端景墙。

❸ 电梯取代楼梯：有如装置艺术的前卫电梯 敲掉原本占空间的ㄇ型楼梯，以先进小巧的气动式胶囊电梯串连上下楼，天花板白色的管线和金属材质使电梯融入整体，前方装设较为现代感的吊挂灯泡，衬托前卫风格。

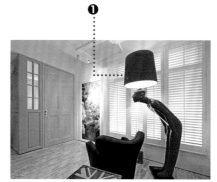

暖色调中和冷冽的现代线条，
带大量的轻松温馨感

大器、豪华，这样的字眼套用在室内设计的
范畴时，多数人想到的都是"极尽奢华"，
例如：大量运用大理石、超大坪数的空间。
不过，朱英凯设计师仅凭利落的线条与简单
的用色，划出另一种低调的奢华典范。

撰稿/徐旻蔚 图片提供/朱英凯室内设计

利用布置让空间没有令人压抑的焦点

这个房子第一眼很容易让人误以为是饭店或度假中心的商业空间，其实不是。屋主夫妻原本就预定将此屋规划为日后的退休居所，因此朱英凯设计师就依着居家布置的首要原则"舒适"自由规划：当人们回"家"时，身、心、灵都必须能够彻底放松，才是最成功的设计。

想"仿制"这间房子的布置设计，会发现根本不知道该从哪里着手，因为无论从色彩、灯具、装饰、家具等任何面向看来，完全找不到特殊的焦点元素，这就是设计师在布置上的高明所在—线条、比例、巧妙的软件安排、细心规划的灯光，等等，都完美融合的结果，借此开启"让空间来说话"的现代风休闲居家布置。

改用暖色木地板、墙饰，
为冷冽的现代风创造温馨感

虽是新屋，但屋主请设计师做空间设计时，建商的各式家具都已进驻。为了节省预算，设计师只针对必要的重点施工。例如：原本室内铺设的是深色木地板，装潢的烤漆玻璃也是以深色为主。如果加上铁件、石材，空间会变得相当冰冷，让人感受不到"家"的温馨。因此，设计师将木地板全数更换为浅色，烤漆玻璃也采用较有层次的制作方式，辅以现代风格中最经典的白色、驼色、米色等比较明亮的颜色，不但一改呆板、沉暗的配色，还成功地让空间呈现出丰富的温馨语汇。

低调简练现代风格

重·点·笔·记✎

Point

Point 01

Point 1

经典用色

现代风首选五色 "黑、白、驼、灰、咖啡"

本案的配色乍看之下似乎有些"复杂",其实都没有脱离现代风的经典范畴:黑、白、灰、咖啡、驼、米白。五个相近的色系运用,支撑起整个空间,提升空间的层次感,更有一种精致的美感。

Point 2

留白的必要性

层架书柜的留白,
为客厅加入自由灵魂

深色的电视主墙搭配浅色的层板书柜,形成一种强烈的对比、却达成巧妙的视觉平衡。关键在于书架后方条状的间接照明,还有刻意不摆满装饰品,让空间有一种向上延伸、向外扩展的趋势。

Point 3

色彩的破格布置

主卧刻意使用接近冷色调,
但带着优雅感的紫色

除了黑、白、灰,咖啡、驼、米白等用色亦不可少。主卧故意添加了"紫色"的元素,并在用于床头墙及滑动拉门的紫色氛围中,加入绷布的设计,提升了卧室空间的整体优雅质感。

低调简练现代风格

Point 4

窗户与灯光的布置
善用自然光源，改善狭长走廊的阴暗视觉感

受限于格局的关系，想要进入主卧，必须先通过狭长廊道。"长形走廊"最容易让人感觉狭隘，因此天花板中隐藏的间接照明、走廊尽头的大窗引入自然光源，以及"没有做满"的橱柜，都是改善狭窄视觉感的方法。

Point 5

门窗细节、收纳布置
改造廊道，用格状玻璃门提升空间质量

通往主卧的廊道两面墙都做成收纳橱柜，变成独立的更衣室，但入口刚好就位于餐厅旁，考虑到长形廊道不宜采用不透光材质的门板，便以不同颜色的切割玻璃，制成格状门片，除了兼具透光效果，还与玄关屏风相呼应。

Point 6

灯光布置
圆形的现代风餐厅，以璀璨水晶灯点出气派

由于屋主有三代同堂用餐的需求，因此餐厅的空间必须宽敞舒服，设计师以圆形的天花板造型搭配圆形的餐桌，辅以垂吊的水晶灯，用最简单的元素，打造出豪华气派的现代风餐厅。

不一样的布置点子

❶ 端景是装饰品的最佳展示所 摆饰是让家"活起来"的重点，但是一味用摆饰妆点居家，则为本末倒置。"摆得多，不如摆得巧"，因此大门入口处或走廊端景处，都是相当适合摆放装饰品的地方。

❷ 绷布拉门兼具功能及美观之效 主卧是家里自然采光最好的区域。但是考虑到本案位于20楼，卫浴又采用透明玻璃，窗外的光害很容易映照室内，影响屋主睡眠质量，因此在卫浴前方规划了一片落地的紫色绷布拉门，必要时可以拉至另一边，隔绝室外的干扰。

❸ 用调性鲜明的素材，布置与主卧气质迥异的次卧同为现代风空间，第二卧室就带着活泼优雅感，关键在于床头墙选用有花样的壁纸，床包也选择带有些许条纹的款式，并与一旁的窗帘呼应，马上呈现出不一样的居家氛围。

❶

❷

❸

大坪数依然用开放隔间，
让简约风流露更大气的格局

客厅、餐厅、厨房……，我们习惯帮居家的每
个空间划定既有界线，这些区域变成"必须具
有某种样子"，才能符合大众对"家"的定
义。但在这个家，打破了"空间隔离"的既有
规则，以大而化之的开放性手法，重新为现代
风的"家"下定义。

撰稿／徐旻蔚　图片提供／朱英凯室内设计

用整面木质层架墙，
重新定调现代餐厅形式

　　许多人看到这个房子的餐厅时，都会惊呼："哇！这是餐厅吗？"一般人对餐厅的想法，就是全家人可以团聚用餐的空间，但是面对现代人生活的忙碌，还有3C产品的盛行，餐厅的定义已经和传统的印象大大不同了。设计师将餐厅与"多功能区"的概念融合，以木质调的餐桌椅为基调，左边一大片落地的开放层架，层架上的物品并不局限于餐厅用具，更多的是书本、艺术品，除了可以在这里阅读、工作，还能与朋友在此聚会高谈阔论。

利用与墙面布置相同的拉门，
掩饰不连贯的小窗面缺点

　　"想要空间看起来宽敞，当然是尽可能让大家看到更多的空间"，如果你还在这么想，就大错特错了；更高明的是，适时地将破碎、干扰视觉的空间隐藏起来，反而有助于让家变得更清爽宽敞。

　　虽然这户空间坪数宽阔，但是碍于建筑外观，主卧的对外窗无法连贯，就算更改格局也效果不大。主卧的床头两侧，分别是两扇长型窗，压缩了床头墙的空间，让整个卧室的空间视觉变得小了，更有打扰屋主睡眠的困扰。因此，朱英凯设计师将床头墙重新布置，在其内设置了两扇同样造型的左右拉门，只要将窗户关上，拉门往左右拉上，就会形成一整面完整的墙。如此轻松解决所有问题，并成功地创造出完整一致的空间语汇。

简约大气现代风格

重·点·笔·记🖊

Point

Point 01

Point 1

地面摆设布置
运用短毛地毯为方正的客厅格局定调

谈及客厅装饰，设计师也强调"地毯不可少"。地毯除了可以有效烘托沙发组的质感，还能让空间变得更稳重。考虑到台湾气候潮湿炎热，以及地毯需常清洁的特性，可以选择短毛地毯巧妙解决这些困扰。

Point 2

开放式布置
开放空间用中低高度的家具做区分

"开放式手法"在现代室内设计应用广泛，去除空间中不必要的隔间，让居家看起来更宽敞。想让两个没有隔间的区域达到开放的平衡，可以透过中低高度的家具，例如不过腰的桌体，辅以桌灯为亮点，轻松打造"隐于无形"的界线。

Point 3

色彩布置
相同色系的交错运用，
制造视觉的错落美感

本身就是咖啡色的木质家具、咖啡色的主色调，在设计师的布置巧思下，以白色基底的床组淡化了深邃的用色，提升空间的色彩层次，让本案次卧呈现出沉稳、安宁之感。

简约大气现代风格

Point 4

窗帘布置

以风琴帘调出明亮卫浴空间

想要隐秘性足够的卫浴，又怕拉上窗帘影响通风和采光，可以尝试风琴帘。除了具有颜色丰富的选购优点外，还可以用拉绳控制窗帘色彩，让入室阳光投射不一样的光影，帮单调的卫浴增添浪漫情怀。

Point 5

窗帘布置

光与影，交织居家最无价的风景

此宅的四个房间多集中在右半部，因此狭长廊道势不可免。为了避免走廊阴暗，设计师特地用两种不同颜色的玻璃打造出多功能室的隐藏式拉门，让房内的采光穿透玻璃，让投射在走廊地板的双色光影提升亮度、创造浪漫。

Point 6

窗帘布置

超美观的S型（蛇型）滑轨窗帘

最适合落地窗的窗帘形式，绝对非S型滑轨莫属。简约的波浪形状，就是现代风卧房最好的装饰品。而且考虑到屋外阳光可能会影响睡眠质量，要选用遮光率较高的布料。

不一样的布置点子

①

❶ **大胆挥洒，玄关是艺术品的最佳陈列区** 玄关室外与屋内的过渡区，作为人们回家放松的缓冲带，更是彰显室内设计基本调性的序曲，因此如果坪数允许的话，别再计较应该如何规划才能有更多鞋柜的空间，不如用留白的空间与艺术作品，呈现最完美的居家气氛。

❷ **为空间保留最美丽的角落** 虽然主卧空间并不宽敞，设计师却坚持在角落处摆放一组皮椅与茶几，辅以细脚铁件的照明，并在后方的墙面镶嵌腾空的书架，他认为美丽的角落，才会吸引人们在这里进行活动，实现100%的高效使用。

❸ **石英砖一样能打造大理石的豪华风范** 不知道从什么时候开始，大理石变成"奢华"的代名词。不过此案看似豪华的主卧卫浴，却是以仿石纹的石英砖铺设而成。地板则出于安全考虑，以木纹砖为主。一黑一白的深浅对比，尽显大器，亦不失简约风格的主轴。

❹ **黑与白构筑明亮的厨房空间** 厨房是家里最常接触油烟的地方，潮湿、脏污是无法避免的，但还是可以用现代风的黑白元素打造清爽大方的厨房。这间厨房以白色为底，辅以黑色中岛，加上全套钢琴烤漆的厨具，亮面的流理台不容易沾染油污，且方便清理。

②

❸

❹

善用色彩与图腾元素 ~
秀出丰富层次的折中之美

许多屋主在翻阅国外杂志时，对于充满色彩与居家
美学的摆设总会心生羡慕，但是回归现实生活时，
却多因为对自己的配色能力或品味不够自信，因而
在布置居家时常又退缩回基本安全色调，其实只要
掌握关键的比例原则，也能让自己的家像杂志照片
一样精彩美丽。

设计／伏见设计　撰稿／郑雅分　图片提供／伏见设计

打开书房隔间墙，引进连贯窗景与充足采光

　　一直以来，伏见设计的作品总有一种女性纤美而优雅的独有气质，尤其对于色彩与布品艺术的运用更是擅长，恰巧这次屋主本身因从事平面广告工作，对于伏见的空间布置与色彩搭配有高度认同感，因而让整个空间设计得以跳脱传统思维，无论是格局及布置上都展现出让人喜出望外的超脱感。

　　对于一个三口之家而言，约182平方米的空间算是宽敞了，但是碍于建商已规划了四房格局，导致客厅与餐厅形成狭长状，加上客厅景深不足的缺点，让公共空间无法展现出宽敞开阔的架构。为此，设计师先将客厅后方的书房墙面打开，此举不但解决了景深问题，同时也让书房区外的公园窗景与采光得以顺势纳入，呈现出开阔的入门印象。

蓝白配色强化对比感，
为室内注入能量与生命力

　　客厅的规划也有别于一般传统印象。设计师说明，这个空间原就设定以东西风格折中混搭的设计主题，并且决定在公共区内以壁炉作为风格聚焦点，但为了不流于制式的设计，刻意将传统与电视墙合并设计的壁炉转个座向，定位于沙发后端。如此一来，客、餐厅及书房都围绕于壁炉旁，成为入门第一目光焦点的温馨专区，也更像国外的壁炉场景。此外，画面中白色壁炉与蓝色沙发搭配蓝色挂画及金色壁灯的设计，不仅相当吸睛，也为客厅做出色彩定调。

　　转个面，在客厅配置有舒适米白沙发与活动小几、长条几等，可随意放置小物、书籍与植栽，非制式的摆设营造出轻盈、自在的生活美感。其中，布艺设计成为重点，在白色空间中蓝色抱枕跃升主题色，不仅与壁炉区呼应，对比感的配色也为室内注入更多能量与生命力。

1. 对象保留色彩饱和感却不过度张扬，而挂画、铜制灯饰与浅栗色墙面也维持以暖色调，让画面更和谐。

2. 咖啡、灰阶与白的布饰配色，营造沉淀的视觉。仔细观察书房窗边座榻可以发现在硬件上仍以美式的设计为主，但在铆钉柜、格子墙、大开窗的架构中，放入东方色调与图腾的抱枕、灯饰等，意外地散发出宁静感。

渐层的低调墙色铺陈宁静氛围，让空间和谐如画

前面提到书房的开放设计是成就客厅采光与景深的关键，但是在画面上也可能因为开放规划而显得凌乱，如何改善此状况呢？设计师说明：主要在于色彩的比重拿捏，在大面积的墙面上先选择以白、灰阶与咖啡等渐层色做铺陈，营造出舒缓而宁静的氛围，而书墙内的摆饰则有如挂画般地整合入客厅的背景画面中。

事实上，除了书房的格局变更，为增进家人互动性与放大空间感，餐厅与厨房也从原本的封闭式改为吧台与餐桌的T字符串联，而餐桌上的主灯与餐桌椅等家具的设计则像是中西风格对话般，呈现出理性、和谐的折中美感。

善用生活陈设品，营造有文化与富涵意境的场域

进入主卧室内，爱马仕橘的柜体与蒂芬妮蓝的单椅呈现出精品感的画面，对比鲜明的色调透过雾面的皮革质感与麻布面感显现出来，格外感觉温暖而有品位。而为了凸显与平衡房间内的色调，在床背墙面与其他床饰、织品上则选用了低彩度的柔和色调，并将设计的细节放在东方图腾的整合上，让画面更显丰富与多元。

与一般为了装饰而添购艺术品的观念不同，从这个个案中见到伏见设计所强调的："用最贴近生活的陈设品，将不同的色彩与材质元素分类整合，并加入艺术的创作，为空间营造出有文化、舒适惬意、富含意境的理想室内景象。"也真切地落实生活即艺术的美学意境。

折中东西美学风

重·点·笔·记

Point

Point 1

沙发配置

不同文化的图腾，透过色彩整合出协调美

　　折中之美是利用不同调性的元素、图案来做搭配，例如极具美式风格图腾的抱枕遇上东方色调与形式的台灯，以充满诗意的角度，赋予一种融合文化却又不失自我风格的居家风格。

Point 2

餐厅灯饰

以美式壁板线条提供优雅感受的生活品味

　　舍弃繁复的硬件装饰线条，改以细腻而柔美的线板来提示欧式风格基调，除可让餐桌上方的金质吊灯拥有更贴近完美的背景外，也适度反映出现代都市生活重视简约设计，却不忽略细节、美感的品位态度。

Point 3

展示书柜

茶镜底墙给予视觉延伸感，造型桌面增加设计感

　　空间不大的书房区除了利用展示书柜来作为客厅的背景装饰墙外，展示柜的底墙更以茶镜铺底创造视觉的延伸感，搭配唯美的装饰收藏与造型家具布置则让画面更加分。

折中东西美学风

Point 04

Point 4

电视墙

薄岩感墙面搭配简约家具，酝酿出轻快人文生活感

　　不似传统电视墙的厚实或华丽感，而改以薄岩感的墙面搭配可移动式的轻盈条几，上面可随意摆放书籍与植栽，摆脱以往为装饰而装修的设计，让生活成为真实的品位。

Point 5

卧室主墙

双色对比映衬，创造鲜明、活力的画面感

　　在卧室内想要运用更多色彩元素的人，可将鲜明的橘、蓝对比色尽量归纳在同一面墙，并且以橘色柜为主、蓝色单椅为辅的比例原则，让色彩主题明确、协调，另外材质不宜过亮、以免刺眼。

Point 6

餐桌双主灯

结合吧台与餐桌，延展双主灯的华美比例

　　由于屋主饮食习惯偏好轻食风，加上原本的封闭式厨房让餐厅格局无法拓展，因此将厨房改为开放式吧台与餐桌的结合，可增进家人互动感，同时在餐厅配挂上双主灯设计，更能彰显空间质感。

Point 7

蓝色单椅

透过家具的材质、色彩，轻松装饰自己的家

　　布置不见得需要透过装饰品，也可以利用家具的色彩与材质做弹性搭配，例如家具、灯饰及床单、窗帘等都可运用，打造属于自己的居家空间。

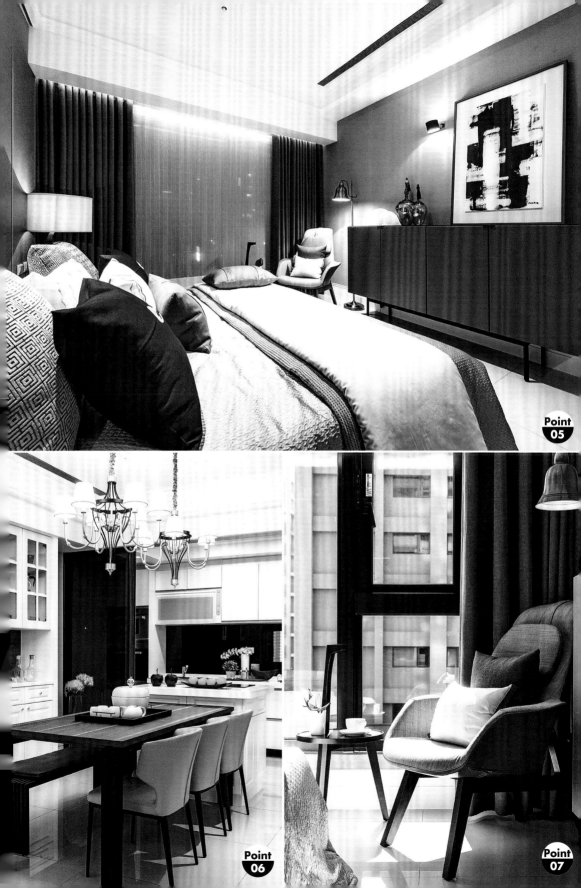

Point
05

Point
06

Point
07

百变美魔镜 ~
反射低调奢华的现代摩登魅力

中小户型住宅的规划原则向来以实用至上，对许多人而言，减少拐弯抹角的现代简约线条正是最佳选择，但若能再搭配点低调奢华的品位装饰，则可以让生活增添些丰富性与舒适感。除此之外，泽样设计还巧妙运用了轻亮的镜面元素施展美魔法，让有限的空间呈现出更宽心的环境与轻奢华的质感。

设计／泽样室内设计　采访／郑雅分　图片提供／泽样室内设计

少更动格局，
让更多预算与设计重点放在装饰上

　　这是栋屋龄约十年的中古成屋，原本的三室二厅格局，对于屋主一家三口的成员来说，现有隔间数已经足够，因此，设计师与屋主经讨论后决定保留大部分隔间不做变动，仅在主卧室内将原来的化妆区改为书房区，使私密空间可以提供更实用而多元的功能，同时在室内多处畸零区设计柜子，强化空间的收纳力，也有助于居住质量的提升；另一方面，格局不变动也可将预算省下来做更多装饰美化的工程。

各式镜面造型、大小与材质，
创造多元装饰趣味

　　设计师顾泽成说："从沟通中了解到屋主喜欢现代简约中带点时尚质感的低调奢华风格，因此，在装饰设计上我们大量运用了镜面元素与光泽材质，除了借由反光的质感来实现轻奢华风，另一方面，也是考虑到室内空间并不大，希望借由镜面反射的特质来延伸视觉感，让空间有放大的效果。"不过，设计师并非单纯地加入镜面元素，而是巧妙地在不同的地方，选择各种造型、材质以及大小的镜面，让各处的镜子都能有最佳的装饰效果，同时也要注意避免放错高度或位置，容易造成风水或视觉上的不舒适感。

沙发背墙、多元镜面元素，
反映出双倍的晶莹美感

　　由于室内空间有采光不足的问题，因此在玄关便先以流明天花板设计，搭配造型灯罩来提高出入区的明亮度。另外，玄关柜也特别以分段式与悬空设计，如此既可让柜体显得更轻盈、空间也更具开放感，而柜体上的平台也可作为置物展示区。
　　在公共空间主要以新古典的家具、装饰风格来增加舒适性，白色大沙发搭配紫藕色壁纸沙发墙显得优雅，至于沙发墙双边茶镜与中间装饰镜则可反映出客厅主灯的双倍晶莹；另一方面，镜面也与电视墙内的条状镜面交相呼应，让原本轴距较短的客厅显得更宽敞些，让主墙更亮眼且有延伸感。

1.在沙发背墙上除了以紫藕色壁纸与对称的茶镜来提供优雅背景外，同时在墙面焦点处还设计矩形镜框来反射吊灯的晶亮感，同时可让画面延伸，以放大客厅空间感／2.为了屋主希望能有书房，加上卧室内也需要更多收纳空间，主卧书房移开小化妆区，改装书房更实用；并加长右墙来设计橱柜，而床头也利用空间做化妆桌，更有效地运用有限空间／3.小孩房的所有收纳都是利用动线不会经过的地方，例如梁下与床头／4.为增加低调奢华质感，在墙面除以银色吊灯与矩形镜等画面变化外，特别以雕花板内铺镜面底来增加设计感，不过雕花镜墙后另有玄机，除右侧做柜子增加收纳力，左侧则将结构柱体包覆，避免产生畸零空间感。

餐厅雕花镜墙兼具美化、
收纳与化解畸零的多重机能

　　进入餐厅，黑白轻巧的家具配置赋予空间现代明快感，而壁面上白色雕刻板的对称设计与中间的镜框摆设则提供自然亮丽的聚焦画面。事实上，这看似纯装饰性的墙面背后是有玄机的。设计师说，原本餐桌左侧因遇有结构柱而导致空间的畸零感，加上屋主需要更多收纳空间，所以将两个问题整合规划出左侧包覆柱体，而右侧则是大收纳柜的餐厅主墙，完美设计、遮掩柱体确实达到一举两得的效果。

坪效高手利用畸零区做成收纳

　　在私密空间的规划上以实用机能为主，除将化妆区改为书房外，同时沿着墙线延伸出橱柜，解决了没有更衣间的问题；至于床头位置也因压梁而将床外移，同时在大梁处以绷布手法设计双层柜，搭配上掀的下柜形成床头装饰主墙，并弱化大梁的不舒适感。床头左侧利用空间设置化妆桌，而右侧条镜装饰的墙面内则隐藏有浴室门片，全面性的整合规划也让空间少些功能性的压迫感，保有更多放松舒适的装饰美感。

泽样室内设计
网址：www.cheeway.com.tw

混搭低调奢华风

重·点·笔·记✎

Point

Point 1

客厅家具

新古典白沙发赋予空间舒适奢华语汇

　　屋主希望在现代简约的环境中创造点小奢华的质感，因此在客厅家具、窗帘与灯饰等软件装饰上选用了浪漫的白色与具有光泽的材质适度地秀出华丽感，让生活也感受到被宠爱的小确幸。

Point 2

玄关复合柜

兼具展示、收纳与风格装饰的多元复合柜

　　进出家门处除了提供实用的鞋柜外，上柜则设计为钥匙小物的收纳处，另外，柜体采悬空、中空的设计可避免橱柜量体过重的压迫感，同时在视觉焦点处也可放置相片或装饰品。

Point 3

窗帘

华丽纱帘搭配素雅窗帘，秀出别致窗景

　　为了打造与众不同的空间美感，设计师选择有别于传统的白纱搭配花窗帘组合，反之以大马士革图腾的华丽纱帘为主，素色窗帘为辅，让喜欢开窗的屋主可以借透光纱帘来增加窗景丰富度。

Point 4

电视主墙

由外而内整合多元柜体功能与美感

　　透过现代风格的线条，由外而内以对称性设计，分别规划出收纳门柜、玻璃展示柜及镜面装饰的层板电视柜，丰富多元的造型搭配间接光源与镜面的晕染更为抢眼，同时也满足功能需求。

Point
01

Point
03

Point
04

Point
02

混搭低调奢华风

Point 5

天花板采光

激光雕刻圈圈板美化了灯光，增加设计趣味性

虽然选择简约现代的设计手法，但设计师仍在许多细节上做出细腻表现，如为玄关天花板补足采光的流明灯照，就因圈圈造型罩板而有了更多变化与趣味。

Point 6

次卧室

窗边畸零缝隙增设平台，可摆放饰品与收纳

在客房的窗边因上有小梁，加上空间狭长不好出入，因此，将之设计作为上掀门板的收纳柜，不只可置物，同时多出平台也可摆设照片、饰品。

Point 7

转角梳妆桌

高度与角落利用

另一间卧室因为两侧墙都有大窗，不容易安排梳妆台，因此利用两墙转角之间的面积，做了尺寸比较小的上掀式梳妆台，兼具写字台功能。

Point 8

主卧室墙

条镜饰墙内藏玄机，让功能与美丽再升级

主卧室设计虽以实用为主，但在风格设计上仍相当讲究，在床边特别以直条状茶镜来装饰墙面，不仅增加奢美感，也将浴室的门片顺利整合并隐藏在墙面中。

Point
05

Point
06

Point
07

Point
08